職場上簡單易懂的
管理學思維

任迎偉 著

職場中最幸福的標誌之一就是在職業上擁有選擇的自由。

構成你人生拐點的就是那個關鍵問題的決策點。

人生有兩個重要的智慧：一是聚焦、二是取捨。

微弱差距是常態，微弱優勢帶來巨大差異。

崧燁文化

職業經理人的管理學思維

目錄

目錄

開場白 ... 7

第一章 當前管理的新變化及其對管理者的啟示 ... 9
一、高層管理職能的變化 ... 10
二、契約關係的變化 ... 11
三、分配關係的變化 ... 15
四、管理者創立願景的能力日顯重要 ... 21
五、顧客觀念及全球化觀念 ... 23

第二章 正確理解管理職能 ... 25
一、管理各職能之基本要義 ... 26
    （一）計劃職能 ... 26
    （二）組織職能 ... 27
    （三）激勵職能、領導職能和控制職能 ... 28
二、管理學之實踐性特點 ... 29
三、管理的科學性和藝術性 ... 29

第三章 正確理解權力的內涵 ... 31
一、強制性權力之內涵及實現途徑 ... 32
二、獎賞性權力之內涵及實現途徑 ... 33
三、法定權力之內涵及實現途徑 ... 34
四、專家性權力之內涵及實現途徑 ... 34
五、參照性權力之內涵 ... 35
六、「權力」理解的另一種視角——華倫·G·班尼斯的觀點 ... 36
七、小結 ... 38

第四章 情緒管理和時間管理 41
一、樂觀地看待周圍事物 42
二、正確面對反對的意見 44
三、時間管理 48

第五章 正確激勵下屬 57
一、激勵的定義 58
二、幾種主要的激勵理論 58
（一）馬斯洛與需求層次理論 59
（二）赫茨伯格與雙因素理論 60
（三）弗隆與期望理論 62
（四）亞當斯與公平理論 63
（五）過程理論 66
三、激勵成本和收益 68

第六章 重視貢獻 73

第七章 發揮人的長處 81
一、用人所長的管人原則 82
（一）用人之長，必須先要容人之短 82
（二）尊重合作夥伴的原則 83
二、發揮上司的長處 84
（一）跟主管合作帶來的好處大於對抗 84
三、如何發揮自己的長處 89
（一）什麼樣的員工最受組織歡迎 89
（二）面對枯燥乏味的工作，我們該怎麼辦 92
四、發揮下屬的長處 96
（一）讓下屬勇於承擔責任 96
（二）不要讓下屬找藉口 98

（三）不要對下屬干預過多　　99
　五、小結　　99

第八章 正確處理人情問題　　101
　一、華人社會中的差序格局和特殊信任　　102
　　（一）差序格局　　102
　　（二）普遍信任與特殊信任　　105
　二、中國組織中的泛家族化問題　　106
　三、華人企業領導人的員工歸類　　107

第九章 規範決策行為　　111
　一、決策需要訊息　　112
　二、決策者對決策的影響　　113
　三、做任何決策必須要建立前提條件　　115
　四、相似方案之間如何抉擇　　116
　五、正確面對反對的聲音　　118
　六、充分發揮專家的作用　　119
　七、防止承諾升級　　119
　八、小結　　121

第十章 正確處理策略與執行的關係　　123
　一、關鍵績效指標體系（KPI）　　124
　二、提高組織執行力　　128
　　（一）構建尊重制度的文化　　128
　　（二）推行標準化　　130

總結　　135

職業經理人的管理學思維
開場白

開場白

　　出於興趣及生計的需要，我時常在外面幫企業員工上課，學員們普遍反應效果不錯，希望我能把所講內容整理成書，讓他們配合著閱讀，則學習效果更佳。本書以課堂錄音為底本，不避口語色彩，保留即興發揮成分，因此與一般的學術專著相比，可能顯得不夠嚴謹，失之於厚實。

　　我在管理學教學領域教學多年，遠談不上學有所成，但至少是個愛好者，而且是個執著的愛好者。上課是我思維最為活躍的時刻，故時有所悟，便提醒自己，下課後記錄下來，不僅於自己學術研究有益，還能使以後的講述更有深度。但由於雜務多，難以堅持，折騰幾次後，索性下定決心，先錄音，然後強行整理成初稿。

　　本書內容是本人對管理學的感悟。「悟」是對局部問題的挖掘，可謂「多處皆悟，但大體茫然」。本書並沒有遵循一般管理學著作的寫作體例，而是一次信馬由繮的書寫，感覺倒是酣暢淋漓，但可能苦了讀者。猶如一領舞者，隨性而舞，固然痛快，但跟隨者因無法預期其步伐節奏，便很是痛苦。因此，如果讀者是有一定管理經驗並勤於思考學習之人，則看此書效果更佳。

　　一國之所以成為現代國家，一組織之所以成為現代組織，其中最重要的支撐之一便是管理現代化。何為管理現代化？並非僅指管理技術現代化，而是現代管理理念與現代管理技術的融合，其中理念是建立在現代普世價值觀基礎上的。

　　縱觀管理學的發展歷史，一般而言，管理學科的特點可從兩個角度來概括：從時間角度而言，有歷史性和實踐性的特點；從空間角度來看，有一般性和多樣性的特點。也就是說，管理理論若為一國企業所用，除了應遵循一般理念及流程外，當然還要融入管理者及被管理者所依憑之文化，還要考慮所在地的政治經濟情勢、政府規制等因素，即本土化。但不能把本土化簡單地歸結為「特色」，因為這些因素中，應該說有些是相對恆定的，比如文化；而有些因素是隨著時代進步必定會改進的，比如經濟發展、政府管制等，也就是說是動態的。如果把這些動態因素也納入「特色」考慮的範疇，那麼這

職業經理人的管理學思維
開場白

種特色很難具有推廣的價值。另外，即便可以進行特色總結，如國際學界在20世紀七八十年代對日本企業管理的總結，也都要以全世界管理學理論體系為根底。因為這個理論體系並非為某國某地所有，而是全人類的管理智慧、經國濟世經驗的彙總。我們可以說其中某個理論為某國某人所創，但必要由全世界共享，也只有將其應用於世界各地，理論方有存在之意義。

作為管理者，應有頂天立地之情懷。「頂天」意指我們要掌握世界先進的管理理念、理論及管理技術方法，這是管理者非常重要的任務；「立地」意指要進行本土化的調適，也就是說，對任何理論，既不能盲目排斥，也不能囫圇吞棗地引入，要結合企業所處環境進行必要的調整，方能為我所用。「頂天」和「立地」須臾不可分離，偏於一端就會出問題。僅「頂天」不「立地」，則顯迂腐、顢頇；僅「立地」不「頂天」，則顯庸俗。

作為職業經理人，學習管理學，還要做到「進得來，出得去」。進得來，就是要相信管理理論是人類智慧的結晶，值得學習並吸收；出得去，就是不要過於迷信理論，吃透了，仍需保留一個完整的自我，能用自己的思想駕馭理論。我記得錢理群先生在談到研究魯迅所需秉持之學術態度時，說過一句話，比起「進得來」，「出得去」需要更強大的獨立、自由的精神力量，更活躍的思想創造力……

感謝學員們，你們的掌聲和笑聲，是成就這本書的終極動力。感謝我的幾位研究生——潘小菊、孫軼娟、彭慧、王存福、魏麗娜，謝謝你們對錄音的整理，以及對我不太標準發音的忍耐。

第一章
當前管理的新變化及其對管理者的啟示

第一章 當前管理的新變化及其對管理者的啟示

20世紀90年代以來，管理理論日新月異，學者們從多個視角對管理領域進行探索，提出了許多新理論。這裡不再一一羅列，只講幾個對我們管理者影響較大的管理理論。

一、高層管理職能的變化

傳統時代強調設備及附在設備上的技術；而目前已經步入知識經濟時代，富有競爭力的知識更多只能附在人身上，因此未來高層管理職能的一個重要轉變就是由對設備的強調轉移到對人才的強調上，即要建立一個讓人才發揮其潛能即「人盡其才」的環境。但這並不意味著設備不重要，而是說設備不再成為高管們強調的重點。一個組織應將對設備的強調落實到相關職能部門，因為儘可能引入先進設備是一個組織經營的常識。就像BMW汽車公司並不需要向公眾宣稱其汽車生產流水線是世界一流的，不說我們也知道它肯定是一流的，因為沒有一流的設備，一定不能生產出一流的產品。

問題的關鍵是，一個組織什麼時候才開始重視人才呢？注意，任何組織均會聲稱自己重視人才，但這不代表行動。那麼，一個組織什麼時候從行動上重視人才呢？答案是多元的，但有一個共同因素貫穿其中，即這個組織必須正面臨著或即將面臨激烈的市場競爭。殘酷的競爭會告訴它，必須依靠人才，組織才能在市場中立足。只有這時，組織才會對人才產生依賴。

我的一個朋友，在一個具有行政壟斷性質的行業工作。雖然他自認為自身能力很強，但總是得不到晉升的機會。屢遭挫折後，不免對其所在組織產生怨言。我跟他說，他的組織對人才的重視，口號色彩強於實質，即便重視人才，可能其人才的內涵也遠超過專業能力的範疇。壟斷組織每當發現內部營運效率低、營運成本高時，首先想到的就是提高價格，這應是壟斷的特權。提價遠比降低成本容易得多，降低成本提高效率需要練內功。如果政策不允許漲價，另一個容易想到的辦法是什麼呢？它們就會向政府要錢。不漲可以啊，但得給預算補助！可以想像，這兩種途徑對人才的依賴都不是特別明顯。當然，這裡我們把問題簡單化了，實際問題比這個複雜得多，但本質上大同小異。

但要注意，並不是壟斷性組織真的不需要人才，它們同樣需要人才。某個職位由名校畢業的高材生來做當然最好了，但是真正殘酷的現實是什麼，這些組織會告訴你：即便讓一個很差的人來做也無所謂。這才是對人才最大的精神折磨。優秀的人才肯定受不了，因為他們很難有成就感。一個充滿競爭的環境好在哪裡？答案是，容易讓人才產生成就感。這種成就感來源於兩個條件，即稀缺性和重要性。一是這個職位只有我做才能做得更好，這是稀缺性。但僅憑這個條件還不夠，還需要第二個條件——重要性，即只有這個職位做好了，這個組織的相關環節才能正常運行，只有相關環節正常運行了，組織才能更好地存在下去。第二個條件也不可或缺。這個職位你做得好當然最好，但是即便做不好也無所謂，組織照樣活得好。這是讓人才沒有成就感的環境。

所以，一個組織不是在所有情況下都需要人才，要發自內心地想讓人才產生認同的話，就必須靠競爭。沒有一種競爭的環境和壓力的話，組織對人才的強調多數是帶有口號色彩的。另外，我們或許還應關注這樣一種現象，即大凡有能力的人，其性格多少都有些特立獨行，有些自以為是。這種「怪異」的性格在一個競爭不激烈的組織當中，其性格缺陷容易被倍數地擴大、嚴重化。相反，在一個競爭激烈的地方，一個人對另一個人身上的跟工作無關的性格缺陷往往更加寬容，激烈的競爭對她或他的才能更加依賴，想發揮她或他的才能就只能忍受其性格缺陷。關於這一點，我下面還要講。在真正競爭激烈的環境中，人們容易變得「寬容」。「寬容」要加引號，不是真正的寬容，而是沒辦法，是無奈。

後面兩種變化對我們更重要，它們與我們自身絕對密切相關，這是我們在學習本書後面章節之前所必須要樹立的一種觀念，是整本書的根基。

▎二、契約關係的變化

契約關係就是指合約關係。我們管理學研究的合約至少分為兩個層面：第一，是白紙黑字的合約，就是勞動法規、經濟法規上界定雙方權利、責任義務的那種合約；還有另外一個重要層面的合約，就是心理層面的合約，我

職業經理人的管理學思維
第一章 當前管理的新變化及其對管理者的啟示

們把它稱為心理契約。心理契約實質上就是一種默契，是雙方心照不宣、未言自明給對方未來的一種承諾或期望。本書提及的是白紙黑字層面的契約——合約。以前這種合約關係的實質是用對老闆的忠誠來換取個人發展及穩定的生活，但目前很多企業自身都難保，企業無法也無力為員工提供終身保障。那麼，員工的一個重要轉變是必須以對顧客的忠誠來替代對組織的忠誠。這句話有點抽象，我們把顧客這兩個字改一改，改成「自己」，即未來最重要的轉變是，員工必須學會以對自己的忠誠來替代對組織的忠誠。

這句話並非危言聳聽！企業界有一句讓人聽起來挺自豪的話，說我們企業的員工是企業的主角。但20世紀90年代失業的就是這些「主角」！對於失業，我們不要進行道義的評判，因為這優勝劣汰，是市場競爭的正常結果。但是失業這一事實告訴了我們什麼？千萬不要把自己定位為「主角」，否則你難以接受理想和現實的落差。失業這一事實還告訴我們一個淺顯的道理：在組織眼裡，員工只是它實現目標的工具。這種定位讓員工自己更加理性。工具定位告訴員工，員工跟組織本質上是一種交換關係，員工交付出其能力特別是專業能力及受控制的權利，得到薪酬和晉升的機會等等。這種關係才是正常的。員工跟組織之間任何時候都是一種交換關係。組織要不要一個員工，取決於該員工能否作出組織所期望的貢獻，如達不到組織的期望，解僱他是理所當然的選擇。一般而言，每一個人均是懷著一系列的個人目標步入組織的。而組織把員工招進來的目的是什麼？是希望經由他們的努力幫助組織並實現組織的目標。所以，組織最渴望招到什麼樣的員工？拚命做事、要求不高的員工非常理想，即「吃一點草卻拚命擠奶」是理想的員工。但這還不算最理想，最理想的是連草都自帶，無私奉獻。員工最渴望去的是什麼組織？當然是沒什麼工作壓力，卻總是發錢的組織。如果組織和個人都帶著這樣一個極端的目標，是走不到一起的。要使雙方走到一起，一個最重要的前提是，必須學會尊重對方的利益。組織必須尊重員工個人的利益，員工個人也必須尊重組織的利益。雙方若只顧及自己的利益，忽略對方的利益的話，就不能在一起合作，就算暫時合作也不會成功。事實上，這樣的案例不勝枚舉。雖然我們傳統的社會多多少少強調犧牲個人的利益而成全組織的利益，但我們還不如把問題擺出來說明，組織與員工之間實質上是交換關係。交換

關係告訴員工一個道理：組織要不要員工取決於其能否作出組織期望的貢獻；員工要不要組織取決於組織能不能為其提供與其貢獻相符合的收入，或者說一種地位。

讀者可能會說，這種觀點在民營企業適用，而在國有企業，這種觀點可能不對，因為國有企業特別是事業性質的單位一般不能開除員工。但一定要記住：即使在不能開除員工的單位，組織與員工個人之間仍然是一種交換關係。國有企業或事業單位雖說不會輕易開除員工，但這並不意味著這些組織不敢「虐待」員工！員工與組織之間仍然是一種交換關係，即如果一個員工的能力達不到組織的要求，雖然輕易不能開除該員工，邊緣化他或她總可以吧，把他或她放到一個不重要的位置上總可以吧。總之，不管是什麼性質的組織，任何員工跟組織之間都是交換關係，只是有些組織的交換行為表現得直白，有些表現得含蓄罷了。

本書之所以講這些，是希望員工們由此產生一種危機感，不要覺得自己端的是「鐵飯碗」，這世界沒有「鐵飯碗」。這種危機感讓我們每天早上起來問自己一個嚴肅的人生問題，答案不必告訴別人，自己知道就可以了。什麼問題？「這個組織不要我了，我還能活下去嗎？」問題的答案可決定你這一天是否幸福。答案有兩個，一個是活得更好，一個就是死定了。答案如果是後一個，你就必須要默默提升自己的競爭力，以達到組織對你的要求。美國著名的經濟學家傅利曼教授說過一句很經典的名言：人最幸福的代表就是擁有選擇的自由。這句話也告訴我們另外一個道理：人最痛苦的莫過於沒有選擇。沒有選擇是很痛苦的，所以我們一定要提升自己的競爭能力，使自己在職業上擁有選擇的自由。

怎樣才能擁有選擇的自由呢？就是一定要對自己的職業忠誠，職業才是我們終生的「飯碗」。讀到這裡你可能會不解，因為組織非常強調員工對組織的忠誠度，本書卻告訴員工首先要對自己忠誠，這顯然與組織文化背道而馳。但要注意，千萬不要將「對自己的職業忠誠」理解為自私自利，不是每次下班帶點辦公室的東西回家（這是很純粹的自私）。這裡我說的忠誠是對自己職業的忠誠。20世紀90年代以來的失業事例告訴我們，「鐵飯碗」制

職業經理人的管理學思維
第一章 當前管理的新變化及其對管理者的啟示

度被打破了。這句話只對了一半，因為有一種「飯碗」可能沒有破，那就是依賴於職業的「飯碗」沒有破。除非這類職業在地球上消失，只要這類職業存在，這個「飯碗」就有。但是特定組織就說不清楚了，三十年河東，三十年河西，職業是最重要的。

這裡還要補充一句，對職業忠誠跟對組織忠誠實際上不矛盾，只是聽起來讓人不太舒服罷了。為什麼？對職業忠誠的具體體現是，在每一個位置上都幹得非常出色。出色就意味著組織也會從中受益，工作出色是一種雙贏的合作結果。一個對職業忠誠的人，才有可能對組織產生真正理性的忠誠。

但怎樣才能做到對職業忠誠？有幾點最為關鍵：一定要用外在的職業標準要求自己。這個外在可以用「市場」兩個字概括，即一定要用人才市場的職業標準要求自己，因為市場的職業標準是純能力標準。就是隨時問自己這樣一個問題：這個單位不要我的話，我能不能到另一個單位去謀求一個更高的職位？那個職位對這類人才會提出什麼要求？這些要求一般都是純能力要求。

你可能會問，為什麼不用一個組織內在的職業標準要求自己呢？當然可以。但是一個組織內在的職業標準隱含著一種獨特的資源──關係。中國是人情社會，在這裡甚至可以說關係是生產力。這無可厚非，我一直都不否定關係的價值。因為一個人在某一組織待久了，隨著時間的推移，就會構建起某種形式的關係網路。這個網路的一個最大優點是，在你需要的時候會伸出援助之手，拉你一把，以彌補你能力上的不足。但關鍵問題是，關係與能力相比，有一明顯不足，就是能力是對自己依賴，而關係是依賴自身之外某一特定的他者構築的一種連結。這就意味著，一旦該特定他者離開，該關係所起的作用就會減弱甚至消失。可見，與能力相比，關係最大的問題是相對脆弱。所以，本書的觀點是，能力至上，是基礎，但同時不應忽視關係的作用。

可以說，一個人的職業能力是我們行走職場的必備祕笈，同時也不要忘了關係。但是我們一定要記住，關係是很重要，但也很脆弱。真正能讓你擁有跟組織談判的籌碼的是你的職業能力。所以，我們一定要用外在的職業標準要求自己。也就是說，假如我要成為一個財務總監，我該做什麼準備；我

要成為技術總監，我應該做什麼準備。這些思考實際上都是從能力上思考，這樣有利於提升自己的職業競爭力。

此外，本書強調一個人需對其職業忠誠。很多公司最喜歡向員工承諾，比如「好好做，以後當老總」，諸如此類。但大家注意了，這些承諾均隱含著組織從未告訴員工的一個前提。什麼前提？那就是，組織自己必須要健康地活下去！如果組織自身都難保，那它對員工作出的承諾也就是虛幻的。「好好做，以後當老總」，但企業也許明天就破產了。因為任何組織中都有一個利益名單，該名單有一個優先排序（priority）。排在第一位的是誰？大股東的利益肯定排在第一位。排在第二位的是誰？不知道。但是，你的主管一定排在你前面。千萬不要把自己排在第一位，那不太現實。組織總是透過殘酷的遊戲規則告訴你：沒有你，地球照樣轉（可能轉得更順當）。為了求得心理上的平衡，員工自己要列一個利益名單。在員工的利益名單裡，排第一位的是什麼？當然是自己的職業利益。之所以這樣講，是想說員工一定要對自己的職業忠誠。職業才是員工的終身「飯碗」，那是「鐵飯碗」，也是跟組織談判的唯一籌碼。這裡只講了一半，把下面的觀點補充上去可能更完善一些。

三、分配關係的變化

美國學者佛蘭克在 20 世紀 90 年代初寫了一本書，書名叫《贏家通吃的社會》。書中提出了兩個概念：第一，社會按主體的相對貢獻來付酬；第二，相對素質、相對貢獻的微弱差異通常帶來報酬的巨大差異。就是微小的素質差異帶來結果的巨大差異。作者以 NBA（美國職業籃球聯賽）著名的球星喬丹為例來闡明了他的理論。喬丹在 20 世紀 80 年代末期的時候，他一個人的薪酬占整個公牛隊薪酬的百分之六十左右。這是明顯的不公平分配。當時他有一個隊友也是著名的搭檔即小前鋒皮蓬。跟喬丹比，皮蓬能力差距絕對是微弱的。正如一個專家指出的那樣，1.05 個皮蓬就能打贏一個喬丹，但正是這 0.05 的能力差距帶來了報酬的幾十倍差距。這就是現實。在 NBA 這個聚集全球目光的地方，這種差距更為明顯。

再舉一個更容易讓人相信的例子。有次高中考試，甲知道這道題選a，但是一時筆誤寫成了b，得了99分；乙不知道這道題選什麼，沒辦法，就拿了四張紙條，寫上a、b、c、d，往天上一扔，抓一個，一看是a，填上再說，後來得了100分。比如說學校評資優學生，如果其他條件差不多，這100分足以讓乙當選。100分跟99分，那是完美跟有缺陷的差異，乙就當選了。後來要評區級資優學生，既然乙是校級資優學生，又是100分，他又當選了。後來要評市級資優學生，既然乙是100分又是校資優學生，又是區資優學生，那當然他又當選了。後來要評省級資優學生，甲再也受不了了，因為人的忍耐是有一定限度的，可能乙的每一次當選對甲都是一種精神折磨，甲就有可能要出來和乙「PK」。憑什麼？但真正的現實是，甲連這樣的機會也沒有啊。這裡假設給甲一次機會。評審委原問甲：你不要激動，你有什麼優勢啊？他只能說，除了99分，什麼也沒有！那也是事實，確實沒有。乙呢，不多，100分，校級、區級、市級資優學生，你說這省級資優學生評給誰呢？當然非乙莫屬了。接著乙又當上了全國資優學生。正因為他是全國資優學生，高考就照顧了二三十分。讀者應可以理解這樣的一個推演過程。這就是現實。

　　我們身邊肯定也有很多這樣的例子：他比我們確實要厲害一點，這是毫無疑問的，但也不是「全國」跟「地方」那麼大的差距，這也是事實。應該說這個遊戲規則真的是太殘忍了，微弱差距帶來報酬結果的巨大差異。而且關鍵是，上面那個例子跟別的不一樣，那99分裡面隱含著「竇娥的故事」哦！甲的真實水準是100分，乙是瞎猜的。之所以把這個故事演繹得這麼曲折，是想告訴讀者，市場經濟本質上是一種效率經濟，它只關注結果不問過程。

　　所以結論是，微弱差距帶來結果的巨大差異的現象非常普遍。

　　另外一個很重要的結論是什麼？透過大量實踐調查，我們發現能在一個平臺上競爭的人差距都不大，差距太大是走不到一塊的。你可能會說：「老師，錯！你看我，文憑是大學，跟我競爭同一職位的那兩個同伴，都是專科。你說誰厲害？」是的，文憑上你是高了點，但在其他方面他肯定也有你達不到的地方，比如說他可能比你更有資歷、更有經驗、更有背景關係等等。綜合起來，你們的差距肯定不大，我說的是綜合差距。假如你又有文憑又有資歷

又有背景什麼都有，那兩人什麼都沒有，你會不會把他們放在眼裡？不會的，能放在眼裡的都差不多。

劉翔會不會跟你跑110米跨欄？先問你，你會不會跟他跑？你說，我會，我邊跑邊找他簽名！如不考慮名人效應，就從比賽本身來說，你肯定不會跟他跑，因為你必死無疑。劉翔也肯定不會跟你跑，因為一點意思都沒有。劉翔要跑就要跟世界一流高手跑，因為只有這樣，才能體現他自身的價值。那你要跟誰跑呢？跟你辦公室對面那個或者隔壁那個同事——「小胖，出去跑兩圈」。這個觀點該是在理。我們人生的成就感絕大部分都來自於與實力差不多的對手的較量中勝出。然而，你可能會說，我最大的願望就是把一個實力比自己強很多的人給擊敗。但「實力強很多」這句話就告訴你，至少在這件事情上你不可能擊敗他，除非在電影或小說中。有些勵志電影常講某業餘拳手透過簡單的訓練就把職業拳手打敗的故事，他是憑著一股堅定的毅力勝出的。但這只是電影——電影內容可以編撰，其鏡頭也是可以剪接的。你去跟職業拳手打打看，人家一拳打過來就可以把你打昏在地，你再有毅力也要醒著才行。人都昏死過去了，僅有毅力有什麼用呢？總而言之，能在一起的人，差距都不大。

如果我們把人生命運都歸結到天分或歸因於上天安排的話，一是對自己不負責任，二是你也太悲觀了。如果人類可以把自己的命運這樣歸因，那我們人類可能就只有一門學問了。什麼學問？優生學。當然不會這樣，現實生活告訴我們，後天的努力是非常重要的。我個人認為，差距太大，彌補起來確實需要天分，但是能在一個平臺上競爭的人差距都不會太大。

從另一方面來說，差距太大，即一個人在組織中鶴立雞群的話，該怎麼辦？大量管理實踐經驗告訴我們，一旦發現自己鶴立雞群，你只有一個選擇：離開，到鶴群中去。之所以這麼說，是有道理的，因為任何組織都有「槍打出頭鳥」的「機制」。你和我的差距我本來可以變為學習的動力的，但我發現我怎麼學也趕不上你，因為你是鶴，於是我就把這種壓力轉化為嫉恨你的動力。人一旦無法在學習路徑上釋放壓力的時候，嫉恨的力量就出現了。

職業經理人的管理學思維
第一章 當前管理的新變化及其對管理者的啟示

總之，微弱的差距對天分的依賴就要減弱，而對後天努力的依賴就要增強。用一句話概括，人的命運掌握在自己手裡，即「命運操之在我」，這是20世紀心理學和管理學中最響亮的口號之一。

微弱的差距更多依賴於積極的心態，而非天分。到目前為止，一個最重要的詞彙出現，那就是心態。微弱的差距一般需要我們以積極的心態去處理。心態積極的人跟心態不積極的人的差距是相當大的。有一個人力資源管理專家說，心態積極的人相當於心目中想蓋一棟大樓的人，走在路上看到一塊磚或一根木條，都會這麼想：「哎，這可用在樓的哪裡呢」，想著想著就把它帶回家了，因為在他或她的眼裡，這磚或木條是構築心目中大廈的機會。如果心中沒有蓋大樓的概念，走在路上看到磚或木頭會想，「這只是擋住我去路的建築垃圾」。磚塊或木條是客觀存在的，心態積極者認為是機會，心態不積極者認為是擋住去路的垃圾。你說人生的差距能不拉開嗎？就這麼簡單。心態！

美國一學者據此寫了一本書，告訴我們必須以120%的心態來應對自己相對短暫的職業生涯。這個命題實際上告訴了我們一個道理。有些人是以40%的心態來面對，有些是80%，有些是100%，有些是120%。作者透過一個故事來說明箇中的差距。40%是什麼概念？他是這樣描述的：早上去上班，路上碰到他的主管，還不知道主管姓什麼，就說了句「早安」就完了。80%是什麼概念呢？早上去上班碰到主管，打個招呼「某某主管，早安」。100%是什麼概念？碰到主管打了招呼，突然想到一個問題，趕緊向他報告，希望藉此讓主管對自己留下深刻的印象。120%呢？首先預測主管什麼時候在電梯口出現，電梯從一樓升到主管辦公室所在的樓層需要多長時間，在這樣一段時間內，結合早上這種情景，向主管報告什麼問題最恰當，想好了就去電梯口等待主管出現。這就是120%。

有的學員聽了這個故事後，就發電子郵件給我：「任老師，如果我要知道我的手下這麼功利，每天在電梯口等我，我肯定看不上他。」要注意啊，這只是講故事的需要，現實生活中你的屬下可能會以各種方式向你靠近，在不知不覺中讓你感到他很優秀，這種人絕對是存在的。如果你的對手是這樣

的人，除非你心態跟他一樣積極，否則你絕對不是他的對手。因為他做什麼事情，非常有計劃，天天計算，這種人最厲害！

　　心態確實很重要。這就是為什麼越來越多的公司在招聘新員工時，都設計了很嚴格的流程的原因之一。規範、嚴格的流程不一定就能招到最優秀的人才，但是人力資源管理研究告訴我們，招聘流程設計得越規範越嚴格，就越能找到心態更積極的員工。那麼多招聘環節，他們都要勇敢面對，不能妥協退縮。支撐他們的是什麼？積極的心態。這幾個人招進來以後，有一個最大的好處是，你只要指定一個方向，他們就知道怎麼去達成，這樣管理起來效率更高。不需要你每天盯著他們，教他們，監督他們。這會讓你身心俱疲。但要注意的是，心態積極也是「雙面刃」，在有很多好處的同時，也有一個缺點，即這種人可能會沒「良心」。心態積極的人說不定哪天就把你取代了，而且他絕對不會感到有什麼不對或不好。所以，一旦你招到了心態積極的屬下，你得做好一個思想準備，你的心態也要同樣積極。只有這樣，你們之間才合拍。

　　說到這，你可能有個顧慮，即心態積極固然重要，但是你發現自從進入這個單位以後，或者自從被提拔到這個職位上以後，你們單位就把更多的機會給其他人而不給了你了，意思是說你一進入這個組織或到了這個職位上後就開始被差別對待了。但從管理學的角度來看，這種判斷基本上是錯誤的。任何單位對新進來的同一批員工或新提拔的同一批幹部，尤其是前者，它是最容易做到公平的。如果這個環節都不公平的話，只能證明這個組織的其他環節更不公平。因為這個環節更容易公平，大家都是一張白紙。之所以後來會拉開差距是有些心態積極者善於抓住機會，他就佔據了優勢，然後越來越容易抓住更多的機會，差距就會越拉越大——贏家通吃。

　　有人說，人可以分為四類，真正有智慧的人善於創造機會，聰明的人善於抓住機會，一般的人老是錯失機會，愚鈍的人呢總是濫用機會。你說人與人之間的差距能不被拉開嗎？

　　這裡還有很重要的一點，很多時候你準備好了並不一定能一一兌現。西方有句諺語說得好，「我們很多時候在羨慕別人幸運的人生，但一定要記住，

職業經理人的管理學思維
第一章 當前管理的新變化及其對管理者的啟示

幸運是等於機會加準備」。意思是說幸運是機會碰到準備時撞擊出來的火花，我們稱之為幸運之火。這句話很有道理，幸運等於機會加準備。在這三個概念中，我們能把握的是哪一個呢？只有一個，準備。機會它是隨機的，正因為機會隨機，所以它與準備的湊合碰成幸運也是隨機的。三者能掌握的是準備。如果你沒有準備好的話，你會以兩種方式錯失機會：第一種不可怕，你發現自己能力上抓不住，沒準備好；第二種很可怕，就是因為你沒做好準備，你甚至壓根兒就沒意識到某種東西對你來說也叫機會。簡直欲哭無淚！

而且，真正優秀的人，千萬不要等機會來了再準備，那都是臨時抱佛腳。真正厲害的人是哪一類人？看不到機會的時候也去準備。你不要小看，這樣的人是心態最積極的人。只要覺得這東西重要，他就去準備。這種人太可怕了！當然，第一類人也不錯哦，看到機會，趕快準備，抓一下。但這種人應對很倉促，臨時抱佛腳。最可怕的人是一直準備、在朦朧中去抓機會的人。

這裡還要注意一個很重要的概念，就是「相對」。人生不要總去追求絕對，「絕對」太累，而「相對」使我們更加從容。這是一種博弈論的思維。但可能是由環境所致，中國人做任何事情總要追求絕對。比如說，我們的忙是絕對的忙。中國人的忙在全世界都有名，絕對的忙，忙得不亦樂乎，忙得讓我們來不及欣賞人生中的「風景」，直抵人生的終點。我們的爺爺奶奶輩、父母輩都是這樣忙完一生的。真的是，我們忙得有點絕對。

用「相對」的眼光來看問題非常必要。這樣的相對性告訴我們，應更加從容面對人生。有一個大家都熟悉的故事，說兩個人在森林裡露營，一頭熊跑過來，兩個人都非常驚慌，因為人類的經驗告訴他們人怎麼跑也跑不過熊。一個相對不慌的人從背包裡拿出一雙跑鞋穿上，他的同伴嘲笑他：「穿了跑鞋你也跑不贏熊。」穿跑鞋的那人很冷靜地回了一句：「跑贏你就可以了。」這就是相對的概念。你千萬不要寄希望於透過後天的努力跑贏熊，那需要天分，甚至有天分也不行，但你要跑贏同伴卻並不難。這是做企業的一個重要的哲學思想，就是相對概念，不要追求絕對。絕對很多時候可望而不可即，做不到你會感覺很累很苦。就像英特爾的格魯夫說的那樣，事實上，真正考驗一個企業家的是當整個行業處於衰敗的時候，意味著企業要透過死亡之谷，

這時候你的成功怎麼體現？只要能活著走出來，都是成功！不是說不僅要活著出來，還要活得風光無限等等，這不需要，因為太累。

中國人的絕對在全世界都有名。本世紀初，溫州人做的鞋子在西班牙被燒掉，原因有很多，這裡僅從現象本身來說。任何職位上的西班牙人，都是朝九晚五工作制，即早上九點開門，晚上五點關門回家享受生活，即便是個體鞋店的老闆也不例外。溫州人去了之後，鞋店就開在西班牙人店的旁邊，通常不關門，而且溫州的鞋子質優價廉，西班牙人發現簡直無法跟他們競爭。長時間營業如果幾天還好，但長時間的勞工成本不低，但溫州老闆，就是自己從頭守到尾。西班牙人簡直無法忍受，因為他要跟溫州人競爭，只有降價，跟他一起守，你開多久我就開多久。這樣活著有什麼意思呢？溫州人的到來使他失去了生活的樂趣和對生活本質的追求，他就恨這幫人，燒了算了。事實真是這樣。義大利人和法國人看到中國人喝他們的紅酒既高興又生氣。高興是喝得快，生氣是簡直無視紅酒文化。歐洲人喝紅酒是有講究的，倒一點點在精緻的高腳杯裡，用手溫托熱，輕輕搖一搖，然後慢慢放到鼻子邊聞一聞，再抿上一小口含在嘴裡，過一會兒再很享受地吞下去──他們很享受過程。中國人說，舔一舔，什麼時候才能把人喝醉呢？倒滿，乾杯！都是這樣，所以我們……這都是絕對的結果。相對很重要，使我們應對起來更加從容。這實際上就是「雙面刃」的問題。這個話題我們不再做深入探討。

總之，分配中微弱優勢是常態，心態是重中之重。

四、管理者創立願景的能力日顯重要

未來的競爭環境越來越充滿不確定性、非線性，這樣的環境必然使員工的預期變差，更容易產生悲觀情緒。管理者該怎麼辦？必須運用一重要武器──願景。何為願景？簡言之，就是有關組織及個人未來發展的藍圖。其本質是計劃的一種，但又比一般計劃或策略更為抽象，更為長遠，更為宏觀。願景真正吸引管理者之處在於，願景就是希望的承載體。全球最佳 CEO 傑克·威爾許曾說過：「優秀的企業領導者創立願景、傳達願景、熱情擁抱願景，並不懈推動，直至實現願景。」這裡先用一個簡單的例子來說明願景的重要

性。從管理角度，企業要造一艘船，內部可以做一個分工，幾個團隊分別負責設計、採購、加工零件、整裝、檢驗、試運行、銷售等。這些工作固然重要，但真正重要的是，造船之前，應該首先讓全體員工對大海產生無限嚮往，然後再來造船。這跟純粹造船，或許有很大的不同，這就是願景的魅力。甚至可以將願景前置到招聘環節，以此來篩選員工。再舉一個例子，大家知道，在美國當兵風險蠻大，因為美國在全球多個地方有戰事，但美國年輕人仍趨之若鶩。為什麼？應該說，這得益於美國軍方相當出色的徵兵工作。你看，人家美軍的徵兵廣告是怎麼說的：「朋友，你想冒險嗎？請成為一名軍人吧。」把年輕人與冒險聯繫在一起，當兵成了有吸引力的願景。它的廣告語絕對不會這樣寫：「朋友，想送死嗎？」這也似乎驗證了願景的重要性。

又比如，我們小時候看的一些電影都有類似的情節，英雄為當地人民除惡，殺了惡霸地主，但這絕不是人生最終的目的和出路，電影結尾肯定是他或她到山的那邊或河的那邊，那邊有自己的隊伍。山那邊，河那邊，都是歷史的某種遠景（願景）形象，是小說或電影觀念的支柱。沒有這個遠景，作品就是灰暗、悲觀的。有遠景的影視作品至少迎合了一般觀眾對未來的某種樂觀想像。

願景的作用之一就是把組織及個人的眼光推至未來，聚焦於一種共同的追求。這樣的好處非常明顯，那就是讓人更有合作動力。世界上什麼樣的組織最長壽？教會和大學組織。因為這類組織追求精神，而非物質。追求物質容易使人耽於眼前利益，遵循此消彼長、零和博弈的遊戲規則，合作很難進行；而追求精神，讓人著眼於未來，人們更願意合作，追求雙贏。企業本質上是追求利潤，這也是企業通常不如教會、大學長壽的原因。因此，透過願景，用長遠眼光審視企業，抱有合作雙贏的心態，使企業更為長久地立足於市場，儘可能成為長壽組織。

當然在卡夫卡、羅伯─格里耶等的小說裡很難看到這一點。從這個角度而言，思想大師們對社會關懷的深度及所具有的悲憫之情，確非我們一般人所能企及。

五、顧客觀念及全球化觀念

　　管理者需樹立顧客觀念。這裡的顧客亦即服務對象，不僅包括組織外部顧客，還包括內部顧客。下面分而述之。對於外部顧客，毫無疑問，樹立顧客觀念就是服務於顧客。現在已經進入消費者主權時代，對此傅利曼在其《自由選擇》中有精闢論述，他甚至認為家庭主婦手中的鈔票比民主選舉中的選票對一個社會的影響更為深遠。消費者主權時代，也就意味著「消費者」或「消費需求」成為相對日益稀缺的資源，成為廠商爭奪的對象。在過去的二十多年裡，行銷理念及理論的不斷更新，流程再造、核心競爭力、學習型組織等理論的提出，都是基於消費者日益稀缺、競爭日益激烈這一背景。以最滿意及最高效率的方式服務於顧客，已成為管理者經營的基本宗旨。儘管各企業經營宗旨的具體表述各式各樣，令人眼花繚亂，但萬變不離其宗。

　　關於內部顧客，從管理者視角言之，主要是指其部屬。為部屬服務，這也是消費者主權時代給組織帶來的一個最重要的顛覆性的變化。管理者不再僅僅是做各種（策略）決策然後發號施令的角色，而更多是幫助下屬，為下屬創造更好條件，以便後者更好地服務於外部顧客。在消費者主權時代，傳統金字塔式的權責構架，變成了倒金字塔形，在最上端的是一線員工，越是高層主管排序越往下。這種倒金字塔形，絕不是管理者違心討好員工，而實在是消費者主權時代使然。

　　全球化是個相對的概念，並不是我們不走出去就不能實現全球化。只要人家把我們的市場變成他的一部分，比如外國企業把臺灣市場變成他的一部分，我們就被全球化了。這是一個被動和主動的問題。我們應該有一種全球視野。視野越寬的人在整合資源時，面臨的機會可能更多。我們不應該侷限於某個區域，應該以更寬闊的視野來思考相關問題。

　　在全球化背景下，管理者除了要具有全球化視野外，還需要形成一種內在且更本質的東西——姑且稱為全球化觀念。一般而言，大公司的總部均選擇在大城市，除了資源整合更高效、訊息獲取更便捷等這一些眾所周知的原因外，還有一個重要原因，就是容易與各種新觀念發生碰撞。人們可能會說，在互聯網時代或訊息大爆炸時代，人們即便在小城鎮，所獲取資訊的數量、

成本及質量與大城市相比，差距不大，可說是近乎一致。這句話不好反駁。但有一點差距應是存在的，那就是觀念。觀念會影響你的視野，更重要的是，會影響你的選擇。在海量的訊息面前，你不可能閱盡所有，須進行選擇性閱讀，這時你秉持的觀念會影響你對訊息的選擇。

第二章
正確理解管理職能

管理職能是指管理過程的要素或基本步驟、手段，主要包括計劃、組織、領導和控制等。管理職能在整個管理中的作用如下圖所示，即管理者就是透過執行各種職能去實現組織的目標，其中的每一種職能，只有納入總體管理構架中才能得到正確的理解。下面圍繞這個圖形我想講述三個方面的內容。

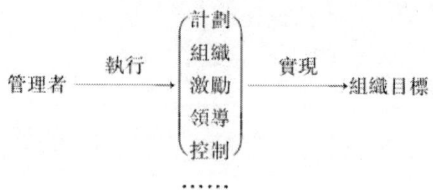

一、管理各職能之基本要義

首先簡單介紹各種職能之基本要義。這些職能進一步展開後就形成了管理學科的核心課程體系。

（一）計劃職能

計劃是對未來行為做事先的安排。著名管理學家孔慈認為，計劃就是構築現在與未來之間的橋樑。任何計劃均包括兩個基本要素，目標以及達成目標的具體路徑。許多人不太明白為什麼計劃職能是管理的首要職能。

一說到計劃，有兩句話會出現：一是計劃不如變化快；

二是計劃計劃，牆上一掛，是給別人看的。

越動態多變的地方，這兩句話表現得越明顯。但這裡要告訴大家的是，越是在動態多變的地方，雖然所制訂的計劃容易過時，但計劃反而顯得越重要。因為計劃始終承載著一個管理者無法拒絕的功能，即它迫使一個管理者必須面對未來的變化，對未來的變化保持敏感，這種敏感恰是組織生存下來的重要前提。

在計劃經濟時代，微觀組織更多著眼於年度以內的計劃。而現在，這一塊已不再是研究的重點，因為諸如 ERP 等訊息系統已經提出了完全解決方

案,學界已將研究重心轉入比年度計劃更為抽象、長遠的計劃——策略。在動態多變的時代,組織制定的策略雖更容易過時,但同理,策略反而更為重要。有一門課「策略管理」就是圍繞此展開的。人們總覺得策略充滿著神祕感,似乎只有超級有智慧的人方能勝任策略工作。這裡有必要對之袪魅。從管理理論角度而言,策略本質上就是希望組織(或策略家)能對某個問題的發展趨勢作一個多元化的判斷,而非我們常聽到的一些偉人的精準且唯一之判斷。多元化判斷並非意味著策略家對此就無所適從,而是說可以根據相關條件變化作出選擇或施加影響。

現在,學界又開始關注比策略更抽象且長遠的計劃——願景。本書在前面已經提及,這裡不再贅述。

(二)組織職能

組織職能主要是關於企業如何設計一個有效的權責結構,以更好實現其目標。現有一門課「組織理論」或「組織設計(精要)」就是圍繞此展開的。在市場經濟條件下,我們要明白,一組織內的任何部門乃至個人,都是組織實現目標的工具。一個組織要不要這個部門,通常會有一個簡單的判斷,即組織自己做效率高,還是外包出去效率高,然後再進行取捨。總之,在競爭越激烈的地方,組織的情感色彩愈淡,也就愈加冷酷,而其利益色彩則愈加濃厚。

設計一組織時,有兩項最重要的內容,一是須遵循的原則,一是需要考慮哪些要素變量(或稱為角度)。其中原則是底線,是設計一組織結構時必須遵循的最起碼的要求。通常有勞動分工原則,即分工產生效率;部門化原則,即將相同或類似的工種歸集在一起,形成協同及規模化效應[1];管理幅度原則,即一個主管可以直接管理下屬的人數,幅度的有限性決定了管理層次存在的必然性[2];統一指揮原則,即一個下屬只能接受一個主管的直接管理,組織要避免多頭領導。

[1] 劃分部門的依據不外乎兩類,一是產出標準(包括產品、顧客、地理位置等),二是過程標準。

② 管理幅度與管理層次之間的關係，是一個很有意思的話題。管理層次的存在多少是無奈的，根源於幅度的有限性。羅賓斯在其《管理學原理》中舉過一個例子：假如一企業，依其生產和銷售等一線工作量，需要 4096 名員工。如果一個主管只能管 4 人，就意味著存在 4096—1024—256—64—16—4—1 這樣的控制鏈，有七個層次；如果主管可以管 8 人，則控制鏈縮短為 4096—512—64—8—1，是五個層次。雖然層次只減少兩層，但另一個數據可能更令人驚訝：在管理幅度為 4 人的組織中，從事管理的人竟然有 1365 人；而幅度增大一倍即 8 人後，從事管理的人則減少為 585 人，僅為原來的 43%。這從一個側面解釋，為什麼組織扁平化是未來組織發展的主流趨勢。但管理幅度的擴大受制於很多因素，其中訊息系統的效率、人員的素質、任務複雜性及難度等是主要影響因素。

設計一組織時，需要考慮的要素（角度）有兩種，一是結構性角度，一是關聯性角度。前者是關注組織內部的角度，包括形式化、專業化、集權程度、職業化、權力層次、複雜性、標準化等。透過這些角度，把組織分為有機式組織和機械式組織。不難理解，具有形式化、標準化程度低，分權程度高，權力層次相對少等特徵的組織就是有機式組織，反之則為機械式組織。

關聯性角度一般包括策略、技術、規模、環境的複雜性等。關聯性角度主要探討組織結構類型與一些外部變量之間的匹配關係。「匹配」本質上是一種權變的思想。比如，一般而言，當一個組織採取進攻型策略時，有機式組織與之匹配，則效果更佳；反之，當組織採取防守型策略時，機械式組織與之匹配，則效果更佳。如此等等。

（三）激勵職能、領導職能和控制職能

激勵職能就是調動員工的積極性。本書後面對此將會作進一步闡述。這是管理學與心理學結合最為緊密的地方。現在有一門課「組織行為學」就是圍繞此展開的。

領導職能涉及影響力方面的內容，是關於權力應用方面的探討。本書後面對此會作進一步闡述。現在有一門課「領導力提升」就是圍繞此展開的。

控制職能、計劃職能和組織職能構成了管理學三個最基礎的職能，旨在探討如何將日常工作及管理行為維持在（計劃）預先設定的軌道上，以確保組織目標的實現。現有的會計財務管理類課程、訊息管理系統類課程就是該職能的具體延伸。

二、管理學之實踐性特點

翻開不同的管理學教材，你不難發現，所有管理學教材的結構佈局大致差不多，開始一般講什麼是管理、管理學、管理職能，接著講管理思想及理論演進的歷史，然後開始介紹各職能的具體內涵。但有一點可能不一樣，即不同教材中所講到的職能結構不一致。比如有些教材只介紹四種職能，有些介紹五種，有些是七種，最多的一本教材介紹了十六種職能。有些人據此認為管理學不是一門真正意義上的科學，因為連作為該學科定論性觀點彙集體的教材中，其核心內容——職能體系的構成仍存在很大的爭議。對此，我們管理學界的解釋是，因為管理學是一門實踐性很強的學科，其學科體系與實踐之間存在緊密互動，這就意味著，由於競爭的壓力，管理實踐每天都在創新，這必然導致其理論體系不可能一成不變。

三、管理的科學性和藝術性

從本章開頭的圖形中可以看出，管理學教材只是介紹各種職能的「使用說明書」。但每個人學習之後，究竟具體能有什麼樣的效果，取決於個體的發揮。有一個現象值得我們注意，一個管理類專業的學生的未來職業生涯的發展與其在校成績之間不見得有必然的正相關關係。這一現象告訴我們，管理既是一門科學，也是一門藝術。我們應從最通俗的視角來理解該問題。科學是有「進步」這一角度的，是在人類已有知識累積基礎上的突破，故有科技進步之說；而藝術則沒有「進步」這一角度，它是比較有個性的。比如王羲之的書法水準，你能超越嗎？貝多芬的音樂才能達到的高度，後人有多少能超越？因此稱之為藝術。但科學與藝術之間是相輔相成的關係。藝術也可

視為在科學知識累積基礎上的一種突破。假如王羲之出生在一萬年前，何來書法之說？假如貝多芬生活在當時的其他地區，能取得這樣的音樂成就嗎？

　　管理既是一門科學，也是一門藝術。這告訴我們，管理既需要後天努力學習，也在一定程度上依賴於天分。後天學習更多是使用說明書，但究竟能有什麼樣的效果，取決於自己的發揮。就像都學了十八般武藝，但個體之間仍有高下之分。這叫資源競爭力。

第三章
正確理解權力的內涵

管理者手中一個最重要的資源就是權力。所以，我們要對這個權力做一個符合實際的理解。一說到「權力」這個概念首先想到的是什麼？首先想到的是上級對下級的指揮命令之類的概念，隱含著一種強制的意味在裡面。目前被普遍接受的有關「權力」的定義是：一個人用以影響另一個人的能力，這種影響讓另一個人做一些在其他情況下不可能做的事情。影響（influence）是指權力的實質影響。這種影響可能來自於上級對下級，也可能來自於同級，也可能來自於其他。只要這種影響能讓人做一些其他情況下不可能做的事情就可以了。

權力來源有兩個，一個是職位權力，一個是個人魅力。個人魅力非常重要。有的學者認為，個人魅力實際上相當於催化劑，化學上的催化劑，它會使職位權力的作用得以倍數的擴大或萎縮。但在實際生活中，這兩種權力是分不開的，實際上都在一起起作用。但是千萬不要忘記個人魅力的深遠影響。下面我們對權力的具體來源做一個區分，這種區分採用的是公認的一種區分方式——三二區分法。組織行為學也會涉及這個話題。前面三個即強制性權力、獎賞性權力、法定權力一般屬於職位方面的權力，後面兩個即專家性權力和參照性權力屬於個人魅力。

一、強制性權力之內涵及實現途徑

給你一個受損失的預期和受懲罰的預期，讓你做一些在其他情況下不可能做的事。這裡注意，權力的本質是什麼？相互認同，本質是影響，影響的前提是相互的，必須要相互認同這個權力。什麼叫做強制性權力？舉一個簡單的例子。比如你半夜三更走在路上，有個歹徒用槍指著你說：「小子，把錢包拿出來！」這時你會做在其他情況下不可能做的事——掏錢包。這就是強制性的權力。但這個權力隱含著兩個重要的前提：

一是受影響的你必須要知道或假定知道他這把槍是「真傢伙」，即你認為他能真正威脅你；

二是你必須很在乎他的威脅，如果你不在乎他的威脅，他這種威脅就失效了。

也就是如果你不在乎，權力就失效了。一定要記住這兩個前提，在組織內部也一樣。因此，可以說權力是靠雙方共同定義的。巴納德的「權威」理論也有類似的強調。他把權威定義為「一個正式組織中一種訊息交流（命令）的性質，它被組織的成員接受並用來控制自己作出貢獻的行為」。該權威的含義有兩方面：

一是個人主觀上承認這種訊息交流是權威性的；

二是「訊息交流中被接受的」客觀的、正式的「性質」。

在巴納德的理論中，權威的來源不在於「權威者」或發命令的人，而在於下級接受或不接受這個權威，即如果下級不服從這個命令，他們就不承認這個權威。

此外，在組織裡，一般而言，這種強制性權力實際上類似於一種威懾力。什麼意思？就像核威懾一樣，不是每次非得拿出來用一下才表示我擁有核心力量，只要告訴你我有就可以了。同理，也不是每次都要用開除員工來表明管理者權力的存在，只需告訴員工，如果踩上這個底線，必須走人，我有能力讓你走人。這就是一種威懾力。在西方國家，一個員工與組織最好的談判工具是什麼？就是工會組織。工會跟組織談判，資方與勞方談判的最佳工具是什麼？就是罷工。但一百次勞資談判最後轉為罷工的比例有多大？百分之二都不到。但百分之二與零比，那完全是天壤之別。至少有可能就夠了，不需要每一次都付諸行動。很多時候因為有這種可能，就可以把很多問題解決在罷工之前。這就叫威懾力。

二、獎賞性權力之內涵及實現途徑

第二類權力叫獎賞性權力。獎賞不同於威懾，那是必須要兌現的，要百分之百。給下屬一個獎勵的預期，讓其做一些在其他情況下不可能做的事，這就是獎賞性權力。與強制性權力一樣，它也隱含著兩個重要的前提：

一是作為受影響的一方一定要很在乎這個獎賞，即這個獎賞對他有吸引力；

二是管理者有兌現獎賞物的能力，即下屬完成任務了，管理者要兌現事先的承諾。

如果管理者不兌現事先的承諾，總是開「空頭支票」，這對管理者權力是最大的損害。總之，獎賞性權力必須是吸引力及兌現預期兩者的結合。

▍三、法定權力之內涵及實現途徑

顧名思義，法定權力涵蓋制度上賦予的所有權力。上面提到的獎賞性權力和強制性權力也屬於法定權力的範疇，只是法定權力的內涵更廣。不難推知，任何權力背後多少都隱含了獎勵和懲罰的預期，只是表現得直接或間接罷了。讀者可以作這樣的理解，表現直接的就用獎賞性權力和強制性權力來概括，表現間接的就用法定權力來概括。比如，一管理者依制度流程給下屬佈置了一個任務，下屬不履行，管理者也不能當即給予懲罰，但從長遠看，對下屬肯定是不利的；反之，如果下屬履行了，管理者也不能當即給予獎賞，但從長遠看，對下屬肯定是有好處的。這就是「間接」的含義所在。

此外，還有一類權力千萬不要忽略，即個人的魅力。你會發現，同樣的位置不同人在上面結果絕對不一樣。這說明除了職位權力以外，還要靠個人魅力。個人魅力可以分成兩類，專家性權力和參照性權力。

▍四、專家性權力之內涵及實現途徑

專家性權力是指利用專業知識不對稱讓人做在其他情況下不可能做的事。什麼人最聽律師的話？

一是要打官司的人，

二是不太懂法律的人。

一個人越不懂法律，就可能越聽律師的話。律師這個時候擁有的就是專家性權力。

人們一般容易在兩種事物面前失去思辨能力。哪兩種事物呢？第一是專家，第二是制度。因為我們潛意識裡認為專家絕對正確，而制度是祖先留下來的，也是正確的。制度這個話題，我將在後面章節涉及，這裡就說專家。專家是相當有魔力的。比如我們去牙科看病，醫生說把嘴巴張開，你敢不敢合攏？肯定不敢，因為這是專家的意見。但換個場景，比如走在路上，一個人過來對你說「把嘴巴張開」，你會罵得他狗血淋頭。這就是專家的影響力，它會讓你做一些在其他情況下不可能做的事。大家知道為什麼有很多從事行政工作的人總願意回學校來攻讀學位嗎？除了補充知識這一目的外，可能還有這樣一種考慮，那就是他以後在職位上發出的任何聲音，都有兩層含義：一這是職位發出的，二這是專家說的。專家就專業方面提出的意見，你很多時候不會想到要去反駁，所以專家性權力很重要。如果這個位置上換成一個文憑較低的人，你會怎麼樣呢？

五、參照性權力之內涵

　　另外一種權力是參照性權力或者說明星效應。你到超市去買礦泉水，如果兩個牌子的價格都差不多，你可能隨機選一瓶。但如果你發現有一瓶上面印了你偶像的圖像，比如說劉德華，你可能會作出針對性的選擇，即專門買有他圖像的那瓶礦泉水。這就是參照性權力或者叫明星效應，這是正效應。它還有個負效應。比如說你不喜歡劉德華，兩瓶礦泉水你本來可以隨機拿一瓶，結果你發現那瓶礦泉水上印有他的圖像，你就不願購買這一瓶而拿另外一瓶。這就是負面參照。我們一定要形成正面參照。明星效應有什麼特點？會讓下屬做一些在其他條件下不可能做的事，無條件付出的那一種。管理學家巴納德把這稱為「無差別區」。無差別區是什麼意思呢？下屬不跟你討價還價的區域。你向他下命令，他立即去做，這就是無差別區。個人魅力越強的人，無差別區越寬越大；個人魅力越弱的人，無差別區越窄越小。意思是說，超過這個範圍之外的，下屬都要跟你談判了他才去做，這多少會影響管理效率。個人魅力就是拓展無差別區的一個重要源頭。無差別區的一個好處是什麼？它能大幅度提高我們的領導效率，因為下屬基本上不跟我們討價還價。這其中的影響因素太複雜。比如說在專制社會、在希特勒那個時代，可能無

差別區域很大，因為人們不敢違背命令。我認為個人魅力是最具人性化的一種影響因素。

這裡，我就權力再補充一個概念——依賴。依賴是權力的關鍵，權力所引致的關係本質上就是依賴關係。所以有句話說得好：B 對 A 的依賴程度越高，B 對 A 擁有的權力越大，這不一定與職位必然對應。比如說 20 世紀 80 年代初，美國湖人隊有個著名球星叫 magicjohnson（魔術強生），有一天他跟總教練發生了矛盾。一般來說一個隊員和總教練發生矛盾的話，非得走一個人，按職位等級來說，應該是誰走人？應該是隊員走人。但第二天董事會卻宣布總教練走人，因為他得罪了我們的強生。為什麼？因為整個球隊對強生更依賴，只要他一上場，球隊就有 80% 的勝率；他一旦不上場，即便最優秀的教練，帶領其他隊員也只有五五開的勝率。球隊需要勝利啊！

這就是關鍵資源。球隊非常依賴這個隊員，依賴不見得與職位一一對應。而且，這種隊員關鍵厲害在哪裡？他能給組織帶來更有確定性和可預見性的未來。只要他一上場，就能帶來勝利，這種預見是組織所期望的預見。比如，我是我們學院籃球隊的隊員，只要我一上場，我們球隊必輸。這就是被淘汰的代表。這是另外一種確定，組織不期望的確定。總之，依賴很重要。

六、「權力」理解的另一種視角——華倫·G·班尼斯的觀點

美國學者華倫·G·班尼斯認為，一個優秀的領導者應該具備四種素質，這是目前有關領導理論研究特別是定性（或特徵理論）方面研究的一個大家公認的、很經典的結論。

（1）班尼斯認為，領導者應具備的最重要的一個素質就是給大家設計一個很有希望的願景，並且能夠採取行動讓願景逐步實現，即願景加實現的能力。給大家一個很有希望的願景，採取行動逐步實現，他認為這是領導者最重要的一個素質。願景實質上是什麼？員工什麼時候需要願景？願景實質上是計劃這個管理職能的延伸。

六、「權力」理解的另一種視角——華倫·G·班尼斯的觀點

孔茨定義的計劃是，構成現在與未來之間的橋樑，是對未來活動做事先的安排。目前研究計劃這一職能，把時間角度作了更長的延伸，計劃的時間角度更長一些就是策略。策略是組織長期且全局的計劃。為什麼企業需要研究策略？簡而言之，就是企業的經營環境越來越複雜，動態多變且非線性。在這種背景下，組織就越需要對未來做長遠的安排或者規劃。但一說到計劃，「計劃無用論」就很容易出現在你的頭腦中，比如「計劃不如變化快」，「計劃計劃牆上一掛」，給別人看的。但是實際的情形是，環境越動態，計劃越重要，儘管此時計劃越容易過時。為什麼？學者研究得出一個結論，計劃最大的功能是迫使組織往前面看，至少要學會審視未來，未來是最重要的，越動態的地方未來越重要，不要總是盯著過去。因為策略的提出也是跟環境非常複雜有關係，越複雜越需要策略。現在人們又提出了比策略更抽象的概念——願景。願景是什麼？願景本質上是一種希望。一個人什麼時候需要希望？當環境越充滿不確定性的時候，人們越需要希望。舉個例子，比如幾個人在原始森林裡迷路了。你知道在原始森林裡迷路意味著什麼？意味著死亡。在原始森林裡迷路很多時候不是被野獸吃掉也不是餓死，而是因恐懼而死。這時有一個人站出來向某個方向一指，說：「這個地方我來過！我知道應往這邊走。」這一指實際上就是願景。這一指無非有兩種結果，一種是往森林深處走去，另一種說不定就活著出來了。如果往森林深處走去，那遊戲就結束了，猶如什麼都沒發生過；假如活著出來了呢，指出生路的就是精神領袖。這就是企業家。

企業家總是要給我們指方向，結果無非是可能死了或者活得更好。但是企業家一定要給我們指方向，這就是希望所在。如果在這種充滿著不確定性且絕望的環境當中，企業家說「我也不知道」，那麼大家就都完蛋了。

一定要兌現希望，那是最理想的。「開空頭支票」誰不會？這是一門藝術，開空頭支票的同時要學會兌現。兌現最難，那需要實實在在的功夫。

（2）班尼斯認為，領導者應具備的最重要的第二個素質是溝通能力。什麼叫溝通？你將自己想表達的思想準確及時地傳遞給對方，這是一個方面；另一個方面是能及時準確從對方那裡獲得自己所需要的訊息。這就是溝通。

溝通時，如果要「及時」，那麼通常「不準確」，要「準確」呢，通常又「及時」不了。因此，真正的溝通技巧體現在哪裡？及時加準確，雖然那是最難的。此外，「準確」是相對概念。比如，你想把 A 訊息傳遞給他，他得到的就是 A 訊息，這就叫準確，至於你內心想的是否就是 A 訊息，並不是我們要關心的，即準確的意思是說完整地把你要表達的想法傳遞給對方，僅此而已。

　　（3）班尼斯認為，領導者應具備的最重要的第三個素質就是贏得信任。贏得別人信任，這是企業家應具備的很重要的一個素質，就是你必須要值得信賴。信任意味著什麼？你的行為在我的預期範圍之內。用通俗的話來說，就是我知道你會兌現你事先的承諾。真正做企業的，一定要做到言出必行，即一定要贏得信任。贏得信任就意味著對方知道你說的話未來一定能算數，你能給他帶來更明確的未來，這使人信心百倍，因此跟你合作的動力就更足。相反，如果你是不值得信任的人，對方就很有顧慮，覺得未來充滿了很多的不確定性，就會要求訂立各種契約來約束彼此。加上監控成本，整個過程的交易成本就會很高。

　　（4）領導者應具備的最重要的第四個素質就是自我調度能力，也就是自我適應。一個優秀的企業家一定要學會調整自己來適應環境，不要讓環境來適應你。

　　我個人認為前面三種素質最重要，它們是一個優秀的企業家必備的素質。最簡單的模型：第一給我希望，第二實現希望，第三兌現事先對我的那個承諾。對於企業，雖然這個模型看起來很簡單，但它抓住了問題的要害。我一直相信一種說法：在競爭越動態的地方，你越要強調希望，而不要將不確定產生的恐懼過多地與下面的員工分享，這會造成大家都很緊張。也就是說，在某些時候可以說一些善意的謊言。

七、小結

　　我在美國訪問期間，有一個現象引起了我的關注，那就是不管是中學還是大學，一到暑期，就會開展針對學生的「領導力培訓」（leadership program）項目。那時我很納悶，學生們都還那麼年輕，需要培養這種能力

七、小結

嗎？是不是太早了？後來我才瞭解，這是我對「領導力」這個概念的誤解。其實，領導力不是必然對應為「當幹部」，領導力更多的是強調獨立或比較獨立地組織某個項目的能力，項目可大可小。的確，任何項目，從想法的提出、計劃、資源籌集到組織實施、產生效果全過程，都會對組織者的綜合素質提出相當高的要求。不管是什麼項目，駕馭項目所需的綜合素質在很大程度上是共通的。整個社會的運作，可以理解為是一個個項目的疊加。就個體而言，未來究竟會從事哪個項目或何種職業，其實很難事先準確預見，你唯一能做的，就是做好準備。領導力培訓就能很好地契合這種要求。它不僅培養了你項目運作所需的基本素質，更重要的是，還培養了你應對不確定性的能力。

第四章
情緒管理和時間管理

職業經理人的管理學思維
第四章 情緒管理和時間管理

　　情緒管理，我個人認為它是很重要的，所以有必要對這一問題進行探討。情緒的意思是看待周圍事物的心態，情緒失控就是理性失控。情緒管理實際上就是，當情緒失控的時候或者可能會失控的時候，努力使自己保持在一個理性的狀態。這告訴我們理性是很重要的，因為情緒失控實際上就是失去理性。在生氣的時候，請用理性來主導個體。

一、樂觀地看待周圍事物

　　我認為理性是指人們應該樂觀地看待周圍的事物。要做到「樂觀」是很難的，管理者最重要的一個情商表現就是樂觀。樂觀使人對周圍產生一種美好的感覺，這樣就會讓你更加從容地應對很多事情。中國人一直生活在比較悲觀的氛圍當中。中國式教育更多只關注智商而不太關注情商，人們從小就在打擊中長大。這就難怪很多華裔特別是中國大陸過去的第一代移民，在美國很難「坐」上高管位置。其中原因在哪裡？語言或文化是部分原因，但我認為情商也可以解釋部分原因，即我們情商不如人家。因為中國式教育環境本質上是一種比較悲觀的教育環境：從小就講究成績排名，打擊自信，而且很少從多元視角觀察孩子身上的優點，主要用考試成績來評判學生是否優秀。然而考試成績往往只是智商的測試，似乎與情商無關。

　　我記得很小的時候，有一次我爸媽把我叫到房間裡，很嚴肅地看著我「孩子坐下」，然後給我拿了一支筆和一張紙。我以為出了什麼大事呢，戰戰兢兢地坐下。他們問我從一加至一百等於多少。我就老老實實地一加二等於三，三加三等於六，六加四等於十，如此這般加上去。他們看著我，「算了，孩子不要加了」，他們希望我是高斯——德國著名的數學家。高斯用了一個非常巧妙的辦法得到了答案，即一加一百等於一百零一，二加九十九等於一百零一……五十個一百零一等於五千零五十。我怎麼可能那麼聰明啊？！我看著他們的眼神，從那裡讀到了失望（抑或絕望），一下子覺得自己很笨。實際上你想想，我用的方法其實也無可挑剔，中規中矩，談不上很厲害，但也不算差。更何況全世界範圍內高斯有幾個啊？我想肯定為數有限。我怎麼可能像他那樣聰明呢？中國式教育老是這樣打擊人。還有一次，我媽可能剛看

完愛迪生的故事，靈感一來，就對我說：「孩子，有什麼問題不清楚就問媽。」我就天真地問：「媽，為什麼天上下雨啊？」「雲遇到粉塵啊，冷空氣凝結成水滴掉下來。」我繼續問：「為什麼有雲呢？」「是水蒸氣蒸發上去的。」我繼續問：「為什麼水蒸氣會蒸發上去呢？」「地上有水。」問：「為什麼地上有水呢？」「你是不是吃飽太閒」──很多父母無法回答孩子提出的問題時，就會用暴力結束談話。當然，我們的創新精神也就會被扼殺在搖籃當中。我之所以舉這個例子，是想說明西方跟中國教育方式的不同。西方的父母非常希望孩子問問題，保持孩子的好奇心，培養他們的自信。這樣孩子的情商就會得到提高。相反，我們中國的父母老是用暴力結束類似的談話。下次為了證明自己沒有「吃多」，孩子就不敢問這些「幼稚」的問題了。總之，我們本質上是比較悲觀的，因為從小都在打擊中長大，即便考試得了第一名的人也容易遭到打擊：現在第一，總會有一次第二吧，不可能永遠都第一。在每一個位置都會受到打擊。

　　接下來的一個結論就是，實際上我們比較不幸，因為我們的想法很悲觀。骨子裡悲觀以後，我們總會找到悲觀的證據，這時就會形成過濾性思維，那些支持你悲觀想法的證據就留下了，不支持的就淘汰了，這時你的結論也是悲觀的。每一個人心中都有一個「爛草莓」。在悲觀環境中成長的人，情商不高的原因是什麼？因為我們老是悲觀地看待周圍的事物，難以看到事物美好的一面。面對這種狀況，我們該怎樣改進呢？這時應從源頭開始，改變我們的想法，由悲觀變成樂觀，學會樂觀地看待週遭事物。這句話說起來容易，做到很難，但是努力即可做到。我們要改善自己的很重要的一點，就是遇到問題不要老是往壞處想，要首先想到美好的，儘可能樂觀，這時你會慢慢養成一種樂觀的習慣。這種樂觀的習慣對管理者很重要，它會讓你看到事物好的一面。有消極想法的人肯定只會蒐集消極證據，最後得出的也是消極的結論；有積極想法的人容易蒐集到一些積極證據，最後得出積極的結論。實際上在情緒管理方面，最難的就是這一點。

二、正確面對反對的意見

真正難以溝通的對像是誰？就是利益和我們相左的對象，即持有反對觀點的對象。這時我們該怎麼辦？

首先，要樹立一個新的理念，即面對反對意見的時候，我們一定要在觀念上明確，反對意見本身隱含著機會，反對的觀點很可能是我們認知上的盲點，只是自己當初由於不認可這些觀點，就本能地予以排斥。因此，當人家一旦提出與你相左的觀點時，你一定要冷靜地來看：說不定這是自己認識上的盲點。這樣一來心態就要好得多，不要老是認為他反對我的看法，就是反對我這個人。

還要注意切忌無限上綱。反對最容易讓人情緒失控，一想到別人反對自己，我們肯定認為，這人看不起我。因此，有些學者告訴我們，千萬不能將反對原因歸結到性格層面上。一般而言，性格是難以改變的，如果把反對的原因歸結為某種性格因素，結果可以想像，那就是溝通已經進入死胡同，問題根本無法解決。真正優秀的管理者，總會把反對停留在問題本身，這是最聰明的應對之策。每個人都有吵架的經歷吧？那請你回想一下，每一次你是怎麼吵起來的。比如跟愛人吵架，丈夫要看體育頻道，因為剛好有精彩的直播，妻子卻想看韓劇，但家裡只有一臺電視機，這就難免發生衝突。本來是很簡單的衝突，但吵著吵著，衝突逐步升級，開始「控訴」對方曾給自己造成的傷害（當然，一般不包括自己給對方造成的傷害），最後，必然會做一個總結：「你不是人」。無限上綱到對方無法克服的高度。「不是人」怎麼克服？又給雙方關係添了一道新傷痕。

真正聰明的人，不管什麼時候都會把吵架停留在問題本身。一旦無限上綱，理性就會逐步喪失，非理性占據主導，這個時候就很難控制了。一般人吵架的時候，開始都是就事論事，後來就無限上綱，甚至把對方祖宗十八代都羅列出來，這時你會發現問題真的很難解決了。所以說真正聰明的人，會把問題停留在問題本身。

講個小故事，大家可能都聽過。澳洲有一個草原，水美草肥，因此羊群增長的速度非常快。羊群壯大後就出現了一種現象：當前面的羊吃草的時候，後面的羊就吃不到草，於是後面的羊趁前面的羊在吃草時，就小跑到前面去吃草。起初，跑到前面的目的明確且理性，就是為了吃到更好的草。這時原來在前面的羊現在落到後面了，它們也趁前面的羊在吃草時，小跑到更前面去吃草。跑著跑著，羊兒們忘了初衷，變成為跑而跑，形成一個波瀾壯闊的奔騰場面。結局是：前方剛好是懸崖，羊群全都掉下去了。讀者朋友回想一下，我們吵架也是如此，開始吵的目的可能是為瞭解決這個問題，但吵著吵著，逐步遠離理性，情緒逐漸失控，後來就為吵而吵，就像羊群為跑而跑一樣。

一定要注意，讓理性永遠占據控制地位，將反對停留在問題本身。我之所以這樣講，是因為人很多時候做不到，一不小心就情緒失控。四川方言博大精深、意味深長，其中有句俗語，叫做「面帶豬相，心中嘹亮」。意思是表面很憨厚，讓對方看不出自己是明白的，但自己心裡很清楚，類似「揣著明白裝糊塗」。亦即在溝透過程中，讓理性駕馭個體，就事論事，避免無限上綱。所以我們遇到反對意見的時候，要「面帶豬相」，不要把精明寫在臉上。這時對方真的無計可施，因為他發現他的對手猶如棉花一般，自己重重地打出去卻被化解於無形，簡直沒辦法。這時你就很容易控制局面。試試看，儘管不見得一定能做到。只有用理性貫穿整個溝透過程的時候，你才能很好地解決問題。

下面我再介紹一個工具性的東西，即矛盾衝突的解決辦法。這一理論是美國著名的管理學家瑪麗·帕克·福萊特女士在 20 世紀 20 年代提出來的。她認為矛盾衝突解決的辦法通常有四種：

第一，自願讓步，即一方自願讓步；

第二，衝突，直至一方戰勝另外一方；

第三，妥協；

第四，合作。

毫無疑問，第四種方法是最好的。福萊特認為前面三種方法是解決不了問題的。①一方自願讓步，其實他並不是真的讓步，而是考慮到如果發生衝突，很可能他不是你的對手，即退讓是為了新一輪進攻做準備，一旦時機成熟，可能會「捲土重來」。②衝突，直至一方戰勝另外一方，失敗的一方會從此在心中播下仇恨的種子。有一些歷史悠久、文化底蘊深厚的民族，復仇文化是其中一道「亮麗的風景線」。中國似乎也不例外，比如「君子報仇，十年不晚」，甚至復仇還可以代際傳遞。③妥協，並不能從根本上解決問題，只是把解決問題的時間推遲了，以後有機會還是要擺到檯面上的。

可見，綜合起來看，合作是最好的。福萊特女士說過一句經典名言，值得我們思考。她說，雖然不是所有情況下我們都可以用合作的方式解決矛盾，但一個人能用合作的方式解決矛盾衝突的情境，絕對比你想像的要多得多，前提是只要你用心。當然，並不是所有衝突都能用合作來解決，像巴勒斯坦和以色列，它們兩個民族的衝突已經上升到宗教層面，那是骨子裡的東西，很難解決。

福萊特女士舉了個例子：哈佛大學圖書館的閱覽室，冬天很冷。閱覽室裡坐了兩類人，一類人想把窗戶打開，因為他們想呼吸新鮮的空氣；另一類人希望把窗戶關上，因為他們怕冷。這兩類人的意見有衝突。怎麼解決？她的解決思路很簡單，剛好隔壁有個空房間，就把此空房間的窗戶打開，讓新鮮空氣緩緩流入。她特別強調，只要用心就能簡單地解決問題。

這個例子也告訴我們，合作方式其實隱含著兩個重要的前提。

第一個前提是，尊重對方利益。一定要切實地考慮對方利益，不要一味地強調自己的利益。雙方都一味地強調自己利益的時候，多數情況下衝突是很難解決的，因此尊重對方利益非常重要。

第二個前提是，合作雙方的心理一定要健康。如果你的對手是個心理不健康的人，你就不要強調合作，很可能會吃力不討好。

比如說對方之所以主張把窗戶打開並不是因為想呼吸新鮮空氣，而是看到他恨的人今天衣服穿少了點，想借此凍他一下，希望他凍出病來；他之所

以主張把窗戶關上並不是因為怕冷,而是發現他恨的人今天喉嚨不舒服,想憋他一下,看能不能把他憋出病來。如果你遇到的是這樣一種心態不正常的人,這時強調合作可能只是一廂情願。我之所以這樣講,是因為這種人他永遠懷著損人不利己,甚至損人損己的一種不健康的心理。損人利己者,其心理至少還算是正常的,因為他至少維護了自己的利益,只是這樣的合作模式維持不了多久。最好的情況是利人利己。不管怎麼說,在心理健康且尊重對方利益的前提下,合作才更有可能展開。

因此,在面對反對意見時,切忌無限上綱,應就事論事,一定要停留在問題本身。

總之,面對反對意見,除了維持理性狀態外,還要注意策略。溝通的策略可以有很多種,下面提出一個簡單模型:

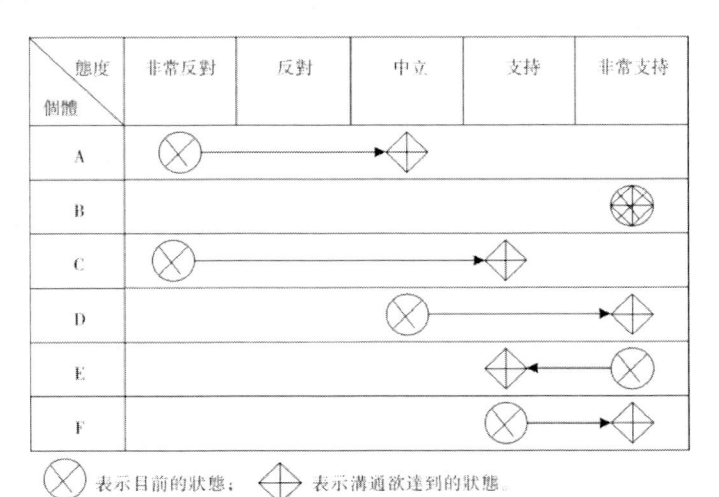

態度 個體	非常反對	反對	中立	支持	非常支持
A	⊗ →		◇		
B					⊗
C	⊗ →			◇	
D			⊗ →	◇	
E				◇ ← ⊗	
F				⊗ → ◇	

⊗ 表示目前的狀態; ◇ 表示溝通欲達到的狀態。

溝通最理想的目標是,透過溝通,所有的人都變得非常支持你,而不管這些人原先是站在什麼立場上。但顯然這是不現實的,因為有些人很可能其立場(特別是反對者)始終不改。因此,溝通是需要策略的。比如說,某人目前的狀態是非常反對你,你想透過溝通讓他變成中立,這也是成功的,甚至讓他變成一般反對都算成功。因為他非常反對的話,有可能還要影響別人,即他還要公司其他人來反對你。你透過努力讓他自己反對你,而不要去影響

別人就可以了。這也是成功的策略。上面的模型中最難理解的可能是這種情形，即有個人（其中的 E）本來非常支持你，但你卻讓他變為一般支持。為什麼？因為他太狂熱了，讓別人忍無可忍，這會使其他人特別是處於中立的人轉而反對你。這時你要勸他千萬要冷靜，不要那麼狂熱而近乎盲目，這樣會令他人很反感。要讓他將支持你的行為停留在觀點或問題本身，而不要感情用事。

這裡之所以提出上述模型，是因為處理反對意見時需要我們策略性地應對，不要寄希望於透過溝通讓所有的人都變得非常支持你，這沒有必要且很多時候也做不到。你只需要策略性地各個擊破，這樣一種思路可能更現實、更有成效。

現在可以說，情緒管理最核心的一句話，也是我希望讀者記住的一句話是「讓理性占據主導」。越理性的人駕馭能力就越強。

三、時間管理

壓力，通常是情緒失控的主要誘因。現在闡述有關壓力管理的文章很多。據筆者的認識，壓力管理的關鍵內容之一是時間管理。這裡首先闡述一下時間管理的重要性。很多時候你之所以覺得壓力大，是因為你覺得很多事情需要你去做，但是你又發現目前你的時間及精力有限做不了，這時壓力不可避免地就來臨了。這是理想與現實的差距，即假如一個人希望過高，但實際能力又實現不了這個希望時，他的壓力就自然產生。怎麼辦？進行正確的時間管理是有效的解決之道。

人們對時間通常都有如下基本認識：

一是人對時間的感覺是有差異的。做自己感興趣的事情時感覺時光飛逝；做自己不感興趣的事情時則感覺度日如年。

二是從物理學的角度來說，時間是以「滴答滴答」這樣的均勻速度在流逝。

但是一旦加入你個人的主觀判斷後，你發現時間是以加速度的方式在流逝。在我們的記憶中，小時候時間過得很慢，著名歌手羅大佑那首《童年》便是很好的例證。這首歌裡有兩個關鍵詞，「等待」和「盼望」，童年基本上是在等待中度過的。

現在你還有沒有「等待」的感覺？隨著我們肩上責任越重，任務越多，你會發現時間過得飛快。30歲以上的人每年最害怕的兩件事就是過生日和過年，因為它們無情地提醒我們「又大了一歲」「又過了一年」。時間過得太快，我們還來不及欣賞人生路途中的風景就直抵人生終點。工作越忙，你會發現時間過得越快。三是每天晚上睡覺之前回顧自己一天的工作時，你會發現雖然很忙，但是都是瞎忙。忙是忙，但忙得沒有意義。人生之所以感到很困惑，就是因為忙得沒意義。

由此發現，時間管理和壓力管理中一個最為關鍵的問題是：如何讓人生過得有意義──這是解決壓力和時間管理的一個非常關鍵的表述。如果你覺得每天都過得有意義，你的壓力就不大。正是因為你覺得忙但沒意義，感覺就會很難受，壓力很大。這裡我們透過引用美國著名的管理學者柯維的一個觀點來解決該問題。柯維寫了一本書叫做《高效率人士的七種習慣》，或者叫《成功人士的七種習慣》。臺灣的一個學者翻譯得最好，她給該書取了一個很有詩意的中文名字──《與成功有約》。柯維在書中提到的一個很有用的工具，即用兩個角度對我們每天的工作進行劃分，一個是重要與否，一個是急迫與否。這樣，工作就分成重要且急迫、重要不急迫、不重要但急迫、不重要不急迫四類。

那我們每天所做的事究竟該怎麼歸類呢？這裡沒有絕對的標準答案。為什麼沒有標準答案？因為每個人的人生目標和價值觀不太一樣，因此對重要類和急迫類事物的判斷就不一樣。這裡只能作大致的分類。

哪些事情屬於重要又急迫？一般而言，我們的本職工作大多屬於重要又急迫。此外，上級主管臨時分配給我們的任務多數就屬於這類。但注意是「多數」，不是所有。箇中比例取決於其領導能力。

職業經理人的管理學思維
第四章 情緒管理和時間管理

哪些事情屬於不重要不急迫？一般而言，打牌、上網聊天等，都屬於不重要不急迫。你可能會說，不對，打牌關鍵要看跟誰打。跟客戶等重要合作夥伴打，那是聯絡關係，可能屬於重要又急迫的事。但你十有九場是跟一般朋友打，多數屬於不重要不急迫。這裡需要特別說明一下，「不重要」是指「想做但對未來人生目標無助」①之類的事情，不是泛指任何不重要的事。「想做」意指這類事情還有個最重要的特點，就是你感興趣。

哪些事情屬於急迫不重要？即時間要求很緊，但對你來說確實不重要。比如說參加朋友的婚禮，你的角色只是湊個人氣，你去不去對婚禮進程沒有任何影響。或者主管讓你去開會，你的任務就是把下面的位子填滿，但這個會議對你來說確實不重要。這些都屬於急迫不重要的事。為什麼？開會那一刻、婚禮那一刻必須要來。做這類事情時類似於武俠片中的臨時演員，在主角後面晃來晃去的那種，一句臺詞都沒有，但是拍片的時候必須到場。這種工作就是急迫不重要的。其實我們人生很多時候何嘗不是在扮演著臨時演員的角色呢？但上述這三類劃分不是重點，我們劃分的真正目的是希望關注第四類。

① 可能用「撒旦的誘惑」來表述也可以。

重要不急迫。什麼意思？「重要」二字怎麼體現？對你未來的人生目標達成非常重要，但這種事情在特定某一天顯得不急迫。正因為它不急迫，所以容易被人忽略；正因為被你忽略了，你才發現人生沒有意義。我們之所以感覺人生失落就在於沒有處理好這類事情。有句話說得好，任何偉大目標都是由日常瑣碎的點滴累積從而最終達成的。瑣碎鑄就偉大，平凡鑄就人生。任何偉大的事情（目標）落實到每一天，那都是瑣碎的。

舉一個簡單的例子，如果你想成為你所在領域的更有競爭力的職業經理人，至少要做四件事：

第一，要不斷總結經驗。這經驗有的是自己的，有的是從別人那裡學到的。總結經驗是提高工作效率及能力的非常重要的舉措。

第二，要構築關係網路。這個關係網路以組織為界限，至少分為兩個大的層面，即內部網和外部網。內部網就是特定組織內部的上下級的同事關係網路，這是一個員工在特定組織內部晉升的平臺。而外部網有三個子網：第一個子網是親情網，由家人、親戚、朋友構成，它是我們情感的歸屬；第二個子網是專業網路，即圍繞我們的專業領域所構築的關係網路，比如你是從事財務管理工作的，你至少認識幾個財務管理專家和會計專家，以便遇到相關問題的時候有求教的對象，透過這樣的求教使自己的認知保持在比較高的專業水準之上；第三個子網是社會公共資源網路，你要認識不同領域及專業背景的朋友，比如會計師、律師、公務員等，以便做事時有一個資源整合的平臺。

第三，要不斷學習。學習是擴充及更新知識儲備的重要手段，是保持思維先進性的最重要舉措。

第四，保持身體健康。健康不僅使人有充沛的精力，更重要的是，容易使人保有樂觀的心態。

然而，這四件事落實到每一天實際上並不是那麼偉大的事。比如：總結經驗，落實到每天就是在頭腦中把相關的經驗再強化一下，或者寫個日記、寫個部落格，對每天的經驗作總結；構築網路，落實到每天就是一個電話、一個問候，或一個飯局等；學習，落實到每天就是看三頁書，然後在空白處寫個讀書心得，僅此而已；身體健康，落實到每天就是堅持鍛練一個小時，如此等等。

上述每天所從事的工作固然瑣碎，但是必須靠這樣的點滴累積才能最終達成目標。這裡需要注意的是，上述事情諸如寫一篇日記或看三頁書，落實到每一天，它顯得不急迫，因為你明天做也可以，如果不做對當天的生活似乎也沒什麼影響。但正因為它不急迫就容易被你忽略；也正因為你一再忽略它，所以你慢慢發現人生很失落，覺得一天到晚全是瞎忙，忙得沒有意義。因此，要使人生變得充實，我們一定得注意這一塊。

一句話概括：瑣碎鑄就偉大。

下面，圍繞柯維的分類，除了明確重要不急迫的事情對於人生之重要意義外，我再作以下幾點總結：

第一，將每天所做的事劃分為四類應該非常容易，但最難之處在於——執行。因為在執行業中，你的主觀判斷會起很大的負面作用。舉個例子，閱讀文獻對我這個大學老師而言，屬於重要但不急迫的事情。好不容易到了週末，我告訴自己，忙了一週了，應該看點書，再不看書，人就落伍了。

我正在看書，電話鈴響了，對方的提議相當有吸引力：「三缺一，來不來？」這時我會斷然拒絕：「對不起，來不了，我要看書。」在第一次誘惑面前，我們會拒絕，但掛了電話後就會有一種失落感。不過還是告訴自己，為了未來，必須看書。

不到五分鐘，電話鈴又響了，對方的話更加直白，「你到底來不來？不來我們就另外找人」，如此等等。面對第二次、第三次誘惑的時候，人們就受不了了。這時候，人們就會說「等一會兒」。等什麼？

即希望對方給自己幾分鐘時間，透過主觀醞釀，將打牌這種不重要不急迫的事情上升到既重要又急迫的高度。甚至告訴自己，當下出去打牌絕對是最重要的事！這時你會找各種藉口來證明出去打牌絕對是合理的選擇。

藉口，是人生墮落的開始。以下幾種藉口是人們在這種情形下容易採用的：第一個藉口，辛苦工作了一週也該歇一會了，否則人會死掉的。現在不是有很多優秀的人「過勞死」嘛！實際上，從生理學角度，打麻將比工作還累。許多人之所以不覺得累是因為他感興趣罷了。所以，一個人幸福的代表之一，是找到一個既能賺錢又感興趣的工作，但通常這是很難兩全其美的。多數能賺錢的事，諸如工作，人們不感興趣；然而感興趣的事，諸如打牌、玩遊戲等，又賺不了錢。興趣和賺錢很難結合起來，但這絕對應該是我們努力的方向。第二個藉口是，出門在外主要靠朋友，而打麻將將是構建朋友網路的絕佳機會。這其實也是藉口。因為不打牌的人也有好朋友，更何況，真正的好朋友關係根本不需要透過打麻將來構建。

總之，最困難的不在於是否會劃分事情屬於哪一類，最困難的是執行。因為在執行過程中，你總是有意無意將那種不重要不急迫的事情透過主觀醞釀上升到既重要又急迫的高度。我們的時間大量被這類無聊的事情所占據。你說我們的人生還能過得充實嗎？

第二，我們留意一下身邊的一些朋友，他們有明確的人生目標，而且非常執著，每天朝著人生目標穩步前進。這樣的人跟你的差距可能一兩年內還看不出來，五年以後就明顯了。優秀的管理者會在自己的人生目標跟每天的實際行動之間用一根線把它連起來，類似風箏線。每天按部就班地前進，雖然一天的成效不明顯，但體現了「日拱一卒」的毅力。這樣的人肯定是最具競爭力的。

而另一些人，沒有人生目標，沒有人生主線。即便有人生目標，也是抽象的，它跟每天的實際行動之間似乎沒有任何關聯。他每天的生活受外界干擾而隨機波動。我把這種沒有人生主線、受外界干擾隨機波動的人稱為「閒人」。我的老師說他有一個朋友，是「世界第一閒」，具備以下特徵：

第一個特徵是隨叫隨到。每次給他打電話說今天這邊有聚會，他的第一句話是「在哪裡」，從來沒有拒絕過。有時候他拒絕，是因為他在別處剛坐下：「怎麼不早說呢？三個小時後過來，等我。」兩邊都不缺席。第二個特徵是，隨時打電話提醒：「有好事勿忘我！一定要叫我。」第三個特徵是，創造各種機會來聚會，比如說離他生日還有幾天：「今天聚一下，看幾天後的生日怎麼過。」

我之所以舉這個例子是因為它很典型。這個人大學畢業找到的工作，效益到目前為止都是最好的那一類，人也特別聰明，但是由於愛好過於寬泛，很難集中精力經營個人事業，十多年過去了，他的發展並不如意。這就告訴我們一個道理：人生，進步跟智商關聯不大，人生智慧之一就是「聚焦」功能，即集中時間、精力做一兩件事。

第三，面對四類劃分，我們要有一個基本的應對思路。如果要有精力、時間應對重要類（包括急迫和不急迫的）事務，你需儘可能不要做不重要類（包括急迫和不急迫的）事務。因為凡事均躬親者，多為低效率者。人生的

又一智慧是——捨得或曰取捨，有捨才有得。什麼都想得，是什麼也得不到的。因此，要應對重要類事務，首先必須捨棄不重要類事務。「捨得」二字，是說起來容易，做到很難。為什麼這麼說？是因為「捨」掉的東西，多少融入了你的心血、你的情感、你的記憶，一旦要放棄，多少都有些「捨不得」。而「得」是新事物，倒是沒有情感或記憶上的羈絆，或許不如「捨」對身心衝擊更大。因此，面對「捨」，更需要毅力，乃至魄力，且要有相當的「決絕」的定力。

具體的應對策略：

一是重要又急迫類的事務你必須要去做；

二是急迫不重要這一類，就儘可能外包給那些認為此事是重要又急迫的人去做，比如下屬、家人等；

三是不重要不急迫的事情，我們儘可能不要去做，建議把它歸為人生的底線。一個底線越清晰的人就可能越有原則，越有原則的人就越值得別人敬重。此外，我還想補充一個觀點，如果我們所處位置越高越重要，我們的底線就要越清晰。不能做的事，告誡自己儘可能不要做，不用或儘可能少用時間和精力來應對它。總之，唯有把不重要類事務進行合理處置，才有可能應對重要不急迫類事務。

四，多數人的人生將面臨一個重大挑戰，就是在興趣與目標之間作出抉擇。正如前面所講，「興趣」通常與「不重要不急迫」相匹配，「目標」通常與「重要不急迫」相匹配。最理想的人生，就是奮鬥目標與興趣是一致的。但對多數人而言，二者是分離的，甚至是衝突的。當二者之間存在衝突時，我們一定要讓興趣讓位於目標。目標是對未來負責，使你人生不至於後悔；而興趣只是滿足眼前的需要。

總結上文，我想強調兩點：

一是一定要把你需要處理的事情進行分類並整理出來。哪些事情對你來說屬於重要不急迫的，一定要寫出來，然後計劃每天用多少時間來應對它。

二是告訴自己，我們隨時都有可能把一些不重要不急迫的事情透過主觀醞釀上升到重要又急迫的高度，要警惕這種行為的發生。雖說人生如果過得太有原則的話，通常會比較苦，但是卻能收穫有意義的人生。

第五章
正確激勵下屬

激勵是個重要的概念，它是一種領導藝術。激勵不屬於個人管理範疇，但涉及管理能力的提升，它屬於如何管別人的範疇。

一、激勵的定義

「激勵」一詞是心理學上的一個術語，是指心理上的驅動力，含有激發動機、激勵行為、形成動力的意思，經過某種內部外部的刺激，促使人們奮發向上，努力實現組織目標。

調動積極性，就是激勵。說到管理手段，實質上就兩種——「棍子加胡蘿蔔」。「棍子」是懲罰，而激勵就是「胡蘿蔔」。實施人性化管理要更多考慮激勵。激勵實際上是尊重對方利益的一種管理行為。給人家好處，希望對方作出更大的貢獻。注意，激勵的目的不是純粹為激勵而激勵，激勵的目的是希望員工作出更大貢獻，是一種「雙贏」的合作模式。下面是一個簡單的激勵模型。

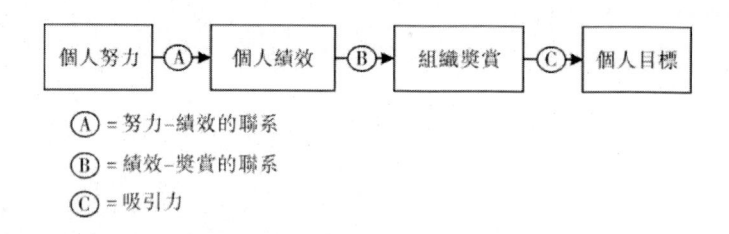

個人努力 —Ⓐ→ 個人績效 —Ⓑ→ 組織獎賞 —Ⓒ→ 個人目標

Ⓐ = 努力–績效的聯系
Ⓑ = 績效–獎賞的聯系
Ⓒ = 吸引力

二、幾種主要的激勵理論

這裡要特別說明，下面介紹的幾種經典激勵理論，要在上述激勵模型框架下來理解它們，因為這些理論都從不同的角度解釋了該模型。這些理論你們可能都已耳熟能詳，但為什麼我還要費筆墨介紹呢？因為我想帶領大家去體驗管理理論與實踐結合的奇妙。管理學與其他很多學科不一樣，它是一門實踐性很強的學科。為什麼？它其中包含的很多理論正確與否是靠實踐來檢驗的。所以，這門學科很容易被管理者所接受，因為他們發現，理論所強調的與日常實踐的感悟有很大關聯，有異曲同工之妙。下面我透過對這些理論

的介紹，再一次證明這一點。我想告訴你們，學者聰明的地方在哪裡，就是能把激勵行為上升到理論的高度概括總結，並對這些理論進行系統歸類。

（一）馬斯洛與需求層次理論

馬斯洛是非常偉大的心理學家。20世紀末，美國工業界作過一個調查，問哪些心理學家對工業界貢獻最大，馬斯洛名列第一，麥克里蘭和赫茨伯格緊隨其後。學界評論：馬斯洛掀起了第三次心理革命浪潮。第一次浪潮是以弗洛伊德為代表的精神分析學說，第二次浪潮是以一批行為科學家為代表的行為科學。應該說，前兩次浪潮所隱含的研究假設對管理領域沒有太多助益。馬斯洛認為：人區別於其他生物的最大特點在於，人是追求自我實現的一類生物。所以，他的理論也被稱為自我實現理論。

雖然在馬斯洛之前，包括明斯特伯格、梅奧、福萊特等在內的很多學者，均對管理領域的心理現象展開過深入研究，但馬斯洛的需求層次理論對管理實踐的影響最為深遠。他認為人的需求是有層次性的，人只有滿足了低層次需要以後才會產生高層次需要，高層次需要一旦形成後對低層次需要就會減弱；逐次往上推，直至自我實現。什麼是「自我實現」？簡言之，就是有能力整合相關資源來實現自身的追求或目標。每個人心中都有一個願望或者說夢想，也就是一個人的最高境界是能夠實現自己的夢想，這是一種成就的代表、幸福的代表。

將該理論運用於組織管理中，你會發現不同層次的員工可能所處的需求狀態是不一樣的。比如剛應聘進來的應屆大學生可能更多是對前面兩個層次的需要即生理和安全的需要；中層幹部可能是對中間層次即社交和尊重的需要；高層主管可能處於自我實現層次。但這只是一般判斷，實際情形也可能不太一樣。該理論告訴我們，運用激勵手段的時候不要搞「一刀切」，而是要針對不同需求層次的員工有針對性地滿足，這是「好鋼用在刀刃上」。因為一個組織的激勵資源必定是有限的，如何讓有限的激勵資源發揮更大效用，就要分清主次輕重、對症下藥、各個擊破。這是其一。其二，員工的激勵需求是動態的，可能既遵循循序漸進的基本規律，又有一些特殊情況，需要管

理者即時掌握動態。其三，組織似乎承載著一種道義和責任，即創造各種條件，把員工推向自我實現這個階段。

（二）赫茨伯格與雙因素理論

大家肯定有這樣的經歷，當每年年終發給員工兩萬塊錢的時候，你可能會說「這幫人真沒良心，我對他們這麼好，年終獎就發兩萬，這幫人居然沒有一個人出來說我一句好話」。你會感到很失落。員工怎麼回應——「你對每個人都這麼好，憑什麼要我來感謝你」。赫茨伯格的雙因素理論就很好地解釋了這一現象。

偉大的學者通常有一個特點，就是能從某些日常現象入手，構築其理論體系。牛頓由蘋果激發靈感，提出了萬有引力定律；泰勒從「磨洋工」現象入手，構建了其科學管理理論體系。赫茨伯格也不例外。他從人類社會的一個傳統觀念入手，即人們認為，滿意的對立面是不滿意。他認為該觀念不太正確，這中間應有一個過渡，即滿意—沒有滿意（沒有不滿意）—不滿意。可見，滿意的對立面只是沒有滿意，不滿意的對立面只是沒有不滿意。不難想像，滿意是高興的狀態，不滿意則是生氣的狀態，而沒有滿意（沒有不滿意）應是一般的平和狀態，既不生氣也談不上高興。

依此思路，組織給員工的好處可以分為兩大類：一類能使員工由不滿意變成沒有不滿意，還有一類能使員工由沒有滿意變成滿意。能使員工由不滿意變成沒有不滿意的，就叫做保健因素；能使員工由不滿意變成滿意的，就叫激勵因素。那麼，有沒有一種因素能使不滿意變成滿意呢？赫茨伯格認為不存在。這種理解非常嚴謹，我覺得很有道理。

那麼，組織給員工的待遇，哪些屬於保健因素？哪些屬於激勵因素？一個基本的判斷依據就是：得到了正常，得不到就生氣，那就是保健因素；而得不到正常，得到了高興，那就是激勵因素。根據此標準判斷：基本薪資、單位為員工購買的基本保險等就屬於保健因素。

此外，區分保健因素和激勵因素的另一個依據是：多數人都能得到的通常是保健因素；而只有少數優秀分子得到的，那才叫激勵因素。為什麼說少

數優秀分子得到才叫激勵？因為多數人都得不到，因此得不到是正常的；而得到的呢，那是對其成績的認同，那是很值得驕傲的事情。但這裡要注意，多數和少數的界定是個相對概念。比如一個班有100名學生，要評5名「資優學生」。毫無疑問，這時「資優學生」榮譽應是激勵因素，因為一般認為5個算少數。但對排在第六名的同學而言，則是多數。他覺得前面五名都得到了，就我第六名得不到，我會生氣。所以，多數、少數是一個相對概念，要靠自己的心理主觀判斷。

但不管怎麼說，該理論對實踐非常有指導價值。由此我們還發現另外一個道理，一個組織給員工的好處不見得都有激勵作用。更令人氣惱的是，多數可能屬於保健因素，只有少數人得到的那部分可能才為激勵因素，所以我們一定要珍惜有限的激勵資源。奧委會前主席薩馬蘭奇先生每參加一次奧運會開幕式他都說「這是我見過的最精彩的奧運會開幕式」。這種話說多了就變成保健因素了。2008年，中國北京奧運會開幕，把薩馬蘭奇先生請過去，看完開幕式，他又說：「這是我見過的最精彩的奧運會開幕式」。你會不會真的認為最精彩？你應該不會這麼認為——因為他每次都這樣說。然而至少你心裡的一塊石頭終於落了地，表明這次開得正常。如果他連這句話都不說呢？就意味著連平均水準都沒有達到。

何為精神激勵

一說到薩馬蘭奇先生的表揚，我就想到了精神激勵這個話題。這裡想談談我的一些想法。許多管理者在寫年度工作總結報告時，通常會寫這樣一句話：所在部門在過去的一年裡，注重精神激勵和物質激勵相結合。這給人感覺好像精神激勵和物質激勵根本就不是一回事。我想告訴你，這種認知是錯誤的。比如舉一個極端的例子，很多人把精神激勵視為沒有錢發獎金的替代品。「不好意思，今年效益不好，沒有錢發獎金，我有一個小小的建議，發獎狀給你們。但由於辦公室人手不夠，你們自己回去填，明天拿過來蓋章。」隨便怎麼填都幫你蓋章，這你受得了嗎？你肯定要跳起來：「拜託你了，不要再發獎狀，把它換成500塊臺幣吧。」我的意思是，並不是所有情況下精神激勵都起作用。又比如，某人好不容易當了一回優秀員工。有天老總把他

叫到辦公室說：「不好意思，現在我們效益不好，要失業一批員工。既然你是優秀員工，希望你起模範帶頭作用。」當事人作何感想？下次再評優秀員工肯定有人要按捺不住：「各位，看在我家上有老下有小的份上，不要這樣害我。」可見，不是所有情況下表揚都發揮作用。

所以，有些學者總結得很精闢，他們認為精神激勵本質上是一種物質激勵。它跟物質激勵最大的差別在哪裡？精神激勵是未來才兌現的物質激勵，而物質激勵是當期就能兌現。可見，精神激勵實質上是一種期權（option），是一種選擇權，未來才能兌現。

因此，要使精神激勵起作用的話，你必須告訴所有員工，那些受到表揚的員工未來在公司中會發展得更好，進步得更快。公司發的獎狀就是未來職業生涯的「通行證」。員工只有感覺到這樣的預期，他才願意接受你的表揚；否則，他是不願意的。我想這個還可以解釋為什麼同樣的表揚在不同的公司中，作用是不一樣的。在充滿了希望的公司裡，表揚就會越有效果。為什麼？因為它能讓人看到未來，兌現承諾的可能性更大。在這種預期下，員工更願意付出。而在一個沒有什麼希望的公司裡，表揚是沒用的，因為員工知道未來並不能兌現這些承諾（表揚）。正如前文說過的那樣，老總說「好好幹，後天當老總」，可是明天公司就破產了，這種表揚沒用。總之，承諾兌現需要一個充滿希望的組織，或者需要一個讓人信服的主管。就像有的學者說的，管理者要想讓精神激勵起作用，必須做好思想準備──精神激勵所付出的物質代價實際上可能比當期的物質獎勵還要大。只有在這種預期下，精神激勵才能發揮它應有的作用。所以，精神激勵不是免費的，它是要付費的，只是未來才付費罷了。

（三）弗隆與期望理論

弗隆的期望理論所闡述的道理很簡單，但很實際，也很深刻。他說，一個人無論幹什麼事情，其動力無外乎就是兩要素的組合：

一是當事者能從中得到什麼好處，稱為目標效價；

二是這個效價實現的可能性即機率有多大。

而目標效價乘以機率就是他願意做這件事情的動力。比如，從你現在這個地點走到當地飛機場有多遠？憑你的身體條件走到那裡應該沒問題。我說，走到後給你一塊錢，你走不走？你說：「老師，您先走，我們坐車去，在機場等您。」因為一塊錢乘以100%是走到飛機場的動力。如果我把標的改一改，我說：各位，走到機場，走到後，每人給兩萬。話音未落，我自己就首先消失了，因為這對我有吸引力。可見，工作動力實際上由兩個要素構成：目標效價和機率。你們千萬不要忘了「機率」的重要性。很多老總喜歡向員工承諾「好好幹，年終公司賺錢了發一百萬」，但有一句話沒說出來：「那是不可能的」。員工透過一段時間的努力，發現再怎麼努力也實現不了你定的目標，即機率為零，零乘以任何數都是零。

在這種預期下，員工發現，與其兢兢業業工作還不如睡個懶覺。「睡懶覺」（類似於泰勒的「磨洋工」）有兩層含義：一方面此時睡懶覺是對自己最大的回報；另一方面也是最為關鍵的，睡懶覺者容易在精神上獲得優越感。這種優越感是針對那些勤奮者而言的：「你看，早就讓你不要拚命幹，結果跟我們不是一樣嗎？」這會讓勤奮者更為失落。

依此理論，管理實際上就是這麼簡單：

第一要保護下屬的工作動力，要設置一個讓他感到有吸引力的目標，讓他感覺有努力的動機；

第二要創造條件，保證多數員工透過努力就能實現目標，就是保證實現目標的機率。在設置有吸引力的目標的同時，還要確保目標實現的機率。

這兩者結合，動力就來了。這就是弗隆的期望理論。加拿大學者 robert house 提出的途徑—目標理論也支持了弗隆的理論。house 認為，有效的領導者透過明確指明實現工作目標的途徑來幫助下屬，並為下屬清理路程中的各種路障和危險，從而使下屬的這一「旅行」更為順利。

（四）亞當斯與公平理論

亞當斯這個學者非常聰明，他是美國著名的心理學家。我們人類自身有很多不足，比如作為社會網路中的人，都習慣於在比較中獲得感受。有一句

歌詞是這樣寫的：「快樂著你的快樂，幸福著你的幸福」，這句話用在親人朋友身上沒錯。但用在競爭對手身上時，應該是「快樂著你的痛苦，痛苦著你的快樂」。這就是人性比較陰暗的一面。

　　類似這樣的比較無處不在，可以說是俯拾皆是。舉個最普通不過的例子。幾年前，跟一個美國朋友去中國，我陪同他到某一景點去旅遊。景點門票是一人60元，我們倆買完票進去後不久就碰到幾個年輕人，直接迎上前來問我們買門票沒有。我以為是檢查門票的，就拿出票來說買了。他們幾個就笑著說：「這個地方，你只要稍微一打聽都知道不需要買門票，你只要跟當地村民一說，15塊錢一個人就進來了，我們就是這樣進來的。」他們之所以這麼高興是因為我們比他們多花了幾十元，當然我們就比較沮喪了。接著我們向山頂走去，當地村民集資修了一條抄近路的羊腸小道，但每個路過的人都要交5元錢的集資費，我們兩個又交了。不久就碰到幾個大學生，他們問我們交了集資費沒有，我說交了10元。他們幾個笑著說，這是可以談判的，他們談成兩元一個人。這時我很沮喪，但並沒直言，而是繞了個彎說：「當地村委會的人跟我說了，假如有人問你交集資費沒有，你一定要說交了。實際上我們壓根就沒交，因為有老外在這裡，國際友誼，免費透過。」話還沒說完，他們臉上立即顯出失落的表情。讀者注意到沒有，他的兩元的付出是客觀存在的，聽說你付了5元他就高興，反過來因為你沒有付錢他就沮喪。他的情緒不是依自身付出兩元來定，而是隨著外在參照系的改變而波動的。

　　可見，人是社會人，都是在比較中獲得感受。這也就意味著，如果一個人不怎麼跟他人比較，他就容易獲得幸福。幾大宗教的終極意義在哪裡──讓你不要跟別人比較。其基本教義就是，不要跟別人比，有什麼困惑就與上帝（或諸神）溝通，跟他人比較永遠都是苦難的來源之一，這是有道理的。但是一般的人總是迴避不了這個比較。

　　比較無處不在，但它是怎麼進行的呢？亞當斯認為，大致是這樣來比較的，即一個人總是將自己的所得與付出跟別人的所得與付出比較。這裡你會問，為什麼不比較絕對值呢？因為絕對值不能說明問題。比如去年拿50萬年薪，今年拿60萬，應該高興，但關鍵要看去年50萬是怎麼拿的。去年50

萬是看報紙喝茶很輕鬆就拿到，今年60萬元是沒日沒夜加班，沒有假期和週末才拿到的。你覺得哪個划算？好像還不如去年50萬元划算。所以「付出」這個因素很重要。只有當這個比值大於別人的時候或等於別人的時候，你才會產生一種滿足感，或者至少能獲得心理上的平衡。

下面我們運用該理論來解決管理實踐當中兩個棘手的問題：

第一，組織能不能做到絕對的公平？我們都知道答案是不能，但是怎麼解釋這個現象？客觀而言，假設你的所得與付出的比值與你同伴的相同，但是由於主觀判斷的存在，即便相等的比值也會出現不平等的轉移。比如說，就公式的分子「所得」而言，兩個人年終獎金都拿了50000元。你是怎麼描述自己那50000元的？沒猜錯的話，應是：「我們公司太摳了，才給我發了50000塊錢。」那你又是怎麼描述同事那50000元的呢？應是：「好嚇人，公司居然發了那麼大一筆錢給他！」注意到沒有，你覺得人家那50000元就是60000元或更多，你那50000元只相當於40000元或更少。因為人總是容易貶低自己的所得，而抬高別人的所得。就公式的分母「付出」而言，同樣是加了兩個晚上的班，你怎麼描述自己那兩個晚上？應是：「連著加了兩個整晚的班，累慘了。」那你怎麼描述同事加了兩個晚上的班？應是：「這小子，才加了兩個晚上的班就說自己累得不行了，這算什麼。」人家那兩個晚上就相當於一個晚上，你那兩個晚上就相當於三個晚上。用這種公式來計算比值對誰有利？肯定對自己不利，你總認為自己吃虧了；站在對方的角度，他也認為他吃虧了。顯而易見，雙方都認為自己吃虧了。所以，一個組織要謀求絕對的公平是做不到的，因為人們總是有意無意地貶低自己的所得，抬高自己的付出。同時反過來呢，抬高別人的所得，貶低別人的付出。所以，千萬不要寄希望於組織能做到絕對的公平，能相對公平就可以了。作為一個組織一定要堅持多勞者多得的原則，把這個比值維持在某一範圍之內。

第二，現在我們來看看組織內部如何構建和諧機制。我們知道，當所得與付出的比值大於別人的時候，你會滿意。如果比值大大地大於別人的呢？是不是會非常滿意呢？答案是不會。這是因為組織是權力等級結構，它內

部有一種自我約束機制，如果發現比值過大，比較雙方都會採取措施來糾正偏差。這就是和諧機制的運作基礎。

舉一個我自己的例子：上小學三年級的時候，我的班導師不知出於什麼原因，在第一個學期的期末讓我當了一次「模範生」，而我的成績只是中等，但我打掃時非常積極。當時「模範生」是不容易當到的，因為一個班只有一個名額。當站在臺上領獎的時候，我看著班裡成績優秀的女生的眼睛，我簡直覺得很不好意思，因為這些女生更有理由被評為「模範生」，也就是說，此時我的比值大於她們的。我該怎麼做呢？過完春節一開學，我第一個就跑去打掃教室，只有自己拚命勞動而讓別人少勞動，才能緩解心中的緊張感；之前同學讓我請客，我幾乎是一毛不拔，但從那以後我特別願意請客；過去同學叫我的綽號，我都會生氣，但從那以後，微笑應對——讓自己遭受一點精神損失，讓別人得到精神滿足。不難發現，當一個人所得與付出的比值大於別人時，他會透過分享收益，並增加付出來縮小這個比值。

那麼反過來，當你發現自己的比值遠遠小於別人的，怎麼辦？這個時候你的行為就會反過來了，做事肯定是不積極了，總希望別人多做事；這個時候總讓別人請客，讓別人蒙受物質損失；這個時候你總是怨天尤人到處發牢騷，從精神上摺磨別人；等等。就是說你會採取諸如分享別人的收益、減少自己的付出等各種措施來減小這個比值。雙方都會採取措施來減小這個比值，這就是和諧機制的運作原理。但是如果你發現再怎麼努力也改變不了現狀，也就是現實中出現了嚴重不公平，怎麼辦？結果就是你會選擇離開這個組織。

（五）過程理論

過程理論告訴我們，當結果可以確切獲知的時候，有時候結果比過程更重要。在西方組織的實踐中，表彰員工的時候非常隆重，而懲處員工時卻比較低調，這叫人性化管理。隆重表彰員工的好處在哪裡？一方面讓接受表揚的員工的那種渴望被社會接納、認可的願望得到極大程度的滿足；另一方面，透過這種表彰的方式使優秀員工的行為得以強化和普及，因為坐在臺下的員工會心生羨慕，會思索怎麼樣才能站到臺上，他們會試著模仿這些優秀員工的行為。總之，表彰本質上就是一種強化，是組織傳遞其價值觀的有效路徑，

而且一定要發自內心地向員工傳遞一種信號——組織特別尊重優秀員工。尊重他人，不僅僅是尊重這幾個人，而是尊重其背後的行為。

該理論最早是由英國幾個學者提出的。有一個故事激發了他們的靈感：英國有個老太太跟一個警察發生衝突，這個警察就利用手中的職權開了好幾張罰單給老太太。老太太非常生氣，決定到法院去告他。當地法官受理了這個案件，宣布在下週一開庭。於是老太太好幾個晚上都在準備演講稿，打算到時候在法庭上慷慨陳詞，告訴所有人，警察的不公平待遇對她心靈造成了諸多創傷。週一她很早就去了，開庭以後，法官聽完雙方律師的辯訴後，經過簡單商議，木槌「啪」地一聲就敲下去，判定老太太勝訴。這個老太太卻覺得一點意思都沒有。為什麼？因為法官沒給她哪怕幾分鐘的時間讓她把那些鬱悶訴說出來！這就是過程理論。在美國訪學的時候，有一件事令我印象很深刻。有一天我的一個美國好朋友跟我說，想帶我去打獵，獵取美國西北部常見的麋鹿。打獵對我來說，那是遙不可及的夢想，我相當興奮。打麋鹿需要有專門的執照（我只是跟著去當助手，不需要執照），費用是一年60美金，並且還規定一次只能打一頭麋鹿。因為天很冷，他建議我最好準備一頂獸皮帽，還要準備一雙適合在雪地裡奔跑的靴子，一身迷彩且禦寒的羽絨服，以及一副墨鏡。我東借西借，終於湊齊了這些裝備。出發的頭天晚上我興奮得壓根沒睡著，腦袋裡總是浮現出種種驚心動魄的場景。因為打獵必須到人跡罕至的地方，所以我們驅車行駛了差不多二百公里。剛一下車我正準備打開後備箱把行頭取出來，忽然聽到他說「臥倒」，我「啪」就臥倒了。臥倒後我抬頭一看，離我們幾十米遠的地方有很多頭鹿。這時他從後座上把獵槍拿出來，一槍過去，鹿就倒下了，然後他跟我說「回家」。我急了，說：「嗨，我這帽子還在後車箱，靴子也沒穿上，防寒服還沒拿出來呢，這就完了？」他說十有九次都這樣。這讓人感覺很沮喪。這個故事就說明過程比結果更重要。很多釣魚愛好者認為釣魚本身比吃魚更有意思，我想也是這個道理。

限於篇幅，有關激勵理論我就介紹到這裡。應該說，學界當前在激勵領域的研究已經很深入，大多均用數學模型來構建。但是作為管理者，至少要在日常實踐感悟與理論研究之間搭建一個理解之橋、契合之橋。

三、激勵成本和收益

你覺得發錢給員工究竟是一種什麼樣的行為？是投資抑或純粹的成本支出？之所以問這個問題，是因為很多老闆不太願意發錢給員工，覺得發錢給員工相當於肉包子打狗——有去無回。作為管理者，我們要改變這種觀念，進而建立起一種更健康的投資理念。因為花錢其實也是一門藝術，不見得省錢就是唯一正確的做法。不該省的地方省了，就意味著錯失了投資機會；該省的地方不省，確實意味著浪費。其中這個度的把握非常的重要，是一門藝術。

有句成語說得好，叫「開源節流」。根據這句成語，我們可以把人分為四類。最優秀最厲害的人是第一類人，即能「開源節流」的人。什麼意思呢？就是拚命賺錢，然後拚命節約的人。理論上這種人最容易完成原始資本的累積，最容易把事業做大。這種人符合馬克斯·韋伯在《新教倫理與資本主義精神》中關於清教徒最優秀品質的定義。第二類是「開源不節流」的人，賺得多花得也多。第三類是「不開源節流」的人，賺得不多，拚命節約，像我們爺爺奶奶外公外婆那代人就屬於這類。那個時代的人非常窮，也沒有賺錢的機會，所以確實很節約。第四類就是「不開源不節流」的人，敗家子。我們至少應成為開源者。下面舉一些例子來說明。

請讀者原諒，我知道可能你希望我舉一些大公司的例子，不要總是舉自己身邊的例子。但是管理學有一個最大的特點，就是必須要透過自己的感受才能抓住問題的本質。作為講授管理學的老師，大公司的例子我當然經常用，上課的時候講的很多案例都是大公司的，但是它們大多是加工過的，我不敢保證其真實性。而對於個人管理，一定要舉身邊的例子，雖然視野稍顯狹窄，但是相信可以管中窺豹。

我有個遠房親戚，之所以稱親戚呢，是因為他很有錢，於是我就把他納入了親戚的範疇，實際上我們之間沒有任何血緣關係。他是當地的一個有錢人，有些瞧不起我，正如我瞧不起他一樣，我們是在互相敵視中構築我們的關係。以前我每次回去他都會當著陌生人的面問我幾個尷尬的問題：是不是管理學博士啊？是副教授了嗎？在美國待過了嗎？還沒有管到人嗎？然後他

又說他自己：「你看我，小學沒畢業，管的人不多，600多人！」可以想像這句話他說得是多麼自豪。我怎麼回應好呢？我說：「管理既是一門科學，也是一門藝術。這句話你可能聽不太明白。」

換言之，管理既需要天分，也需要後天培養。管理強調天分，但是僅靠天分還不夠，還需要後天培養，兩者結合是最佳的。我們一直很難抹去天分這個因素在管理方面的作用。但是縱觀全世界的大公司，高管們基本上都是科班出身。請大家注意，這句話不能倒著推理，不能說科班出身的一定能成為高管。能不能成為高管還必須加上另一個條件——天分。天分加上後天的系統培養才可能培養出管理能力。比如說你天分不錯，一出生就具備能管五六百人的素質，但很可惜缺乏必要的後天訓練。是不是感覺到要管五六百人有些力不從心？假如你經過科班訓練的話，憑著你已經擁有的先天素質，別說管五六百人，管五六千人也沒問題。但沒有人知道這個答案是不是一定百分之百正確。因為根據中國的教育規律：書讀得越多，膽子越小，越下不了手。但放眼全球，天分和後天的系統訓練相結合的觀點是正確的。

我前面提到的那個遠房親戚，有一點令我非常佩服，就是對金錢的態度。很多親戚都說他是「鐵公雞」，一毛不拔。但是我每次回去，他總是熱情接待。他總要請我到當地最好的飯館去吃一頓，從晚上六點吃到十一二點。但是真正吃飯的時間最多一個小時。剩下的時間幹什麼？聊天。把我們兩個沒見面的這段時間，我所學到的新知識，透過聊天的方式，一股腦地全告訴他。他跟我吃飯從來不是一個人來，他會把他的管理團隊全帶來。我很難拒絕回答他的問題，因為他總是這樣說：「前段時間我跟某大學一個教授談過……他是這樣看這個問題的……你是怎麼看的？」我一看是我的對手，就一個勁地回答，回答完就後悔了。你看他請我吃飯是不是在投資啊？我常常不自覺地給他做一些諮詢服務。

他住的地方的人比較喜歡炫富，這也是人之常情，無可厚非。他們那個社區住的都是比較有錢的人，炫富的方式之一就是每年過年的時候發壓歲錢給孩子。有幾個鄰居都是給孩子一兩萬，這是20世紀90年代末的水準。你知道他給孩子多少嗎？200塊錢！有些人嘲笑他，說他是吝嗇鬼。但他的回

答令我很驚訝。他說：「我的錢遲早都是我孩子的，但是就目前這一刻，錢放到孩子手裡跟放到我手裡發揮的作用絕對不一樣。放到孩子手裡，拿來買冰棒就吃掉了；放到我手裡，投資建廠，有回報。」

他的這個回答我們可以用所謂的資源競爭力理論來解釋。首先，同樣的資源交給不同的人絕對能夠發揮出完全不同的作用，這就叫資源競爭力。比如我和比爾·蓋茨站到這裡，你手裡有一萬美金，交給誰投資你放心？毫無疑問應該交給比爾·蓋茨。他說「走，投資軟體」，回報率20%（稅後）。交給我呢？「走，存到銀行去」，回報率百分之一點幾（稅前）。比爾·蓋茨能給你帶來更多的財富增值。這就是能力，我們把這種能力稱為資源的競爭力，或者叫做資本的競爭力。不同的個體，這種能力是有差異的。一雙筷子在我們手裡只是吃飯的工具，在武術高手手裡呢？那就是一種致命的殺人武器。一支畫筆在我們手裡只是塗鴉的工具，在藝術大師手裡呢？那就是價值連城的藝術作品的創造工具。同樣的資源交給不同的人，結果絕對不一樣。這種不一樣就是資本競爭力的差異。

接著探討這個話題，你的單位之所以把你而非其他人放到這個位置上，為什麼？上級主管也考慮過這個問題，比較起來，單位把這些資源交給你覺得最放心。雖然這樣的感覺沒有表明出來，但是真實意圖不言而喻。這是自信原則。組織之所以把這麼多資源交給你，是因為組織相信你能把它們整合出最高的效率和效益，至少在目前看起來是這樣。這是一種自信的表述。這個給我們的啟示就是：我們理解一個人不要靠結果性符號來理解，過程符號更重要，就是把資源交給他，他能使之發揮出什麼樣的作用。譬如像比爾·蓋茨這樣的人，即便一夜之間變成窮光蛋了，但只要他這樣一個素質存在，他絕對可能重新過上非常富足的生活。像拿破崙，英國人只有把他除掉才行，否則他永遠都出類拔萃、功成名就。他們身上擁有一種卓越的競爭力。我的遠房親戚能夠這樣理解，我是很佩服他的。

有時候他特別摳。20世紀80年代末期的時候，他生產襯衫，縫襯衫紐扣的線，要多長、多少圈，他都有明確的規定，可說精緻到毫釐不差。當時都是手工作業，他叮囑工人，用線太多就是浪費，太少又保證不了質量，中

間的那個度很重要,因為他覺得這個省下來就是財富。他對布料的邊角餘料怎麼充分利用也是絞盡腦汁,他覺得這個省下來也是財富,而且可以作為模板推廣。他總是思考這些問題,該省的地方一定要省,不該省的地方絕對不能省。

所以,為激勵員工所付出的代價,管理者應更多地視之為一種投資,這樣心裡就更踏實一點。如果總是將其看成一種純粹的費用或者浪費的話,你就不願意支出。如果把它看成投資的話,你會更加從容面對。當然,多了也不行。多數單位不可能給員工獎金發得太多,這種情況下,度的把握顯得尤其重要。

第六章
重視貢獻

第六章 重視貢獻

重視貢獻是管理學強調的一個重點，這是有效性的關鍵。正如杜拉克所說，有效管理者不是重視勤奮，而是重視貢獻。貢獻實際上就是結果，結果才是管理的目的。不重視勤奮，並不意味著勤奮不重要，相反，勤奮相當重要。在制度安排合理的情況下，勤奮就是一種高績效的表現。但是在制度安排不太合理的時候，勤奮可能會顯現出一些負面作用。比如說勤奮至少有兩點被公認是負面的：一是勤奮是可以偽裝的。主管一來拚命工作，主管一走就不幹了。二是勤奮一不小心可能成為一個人工作能力低下的另外一種表現形態。聰明的人一會兒就做完了，笨的人老是做不完。勤奮不？勤奮。所以說那是工作能力低下的另外一種表現形態。不是所有的情況下，勤奮都是一個正面的詞彙。

我先提一個問題，你認為朋友跟同事一樣嗎？顯而易見，答案是否定的。因為朋友是因某些價值觀偏好相同而在一起；而同事是因組織目標的需要而在一起。這就意味著，你不能用朋友的標準要求你的同事。那用什麼標準要求同事（或在一起工作的員工）呢？他的績效，或者他為組織作出的貢獻。只要他的績效達到組織的要求，他就是優秀的，雖然他的一些個人價值觀你可能不認同。這是一個非常重要的管理理念。用績效或貢獻標準而非你個人的價值觀標準①要求你的員工，能極大拓展你的管理視域，你的團隊會因此更加多元化，更富創新精神。反之，如果用你的價值觀要求你的員工，那麼你的團隊成員基本上都是你預設的模子裡捏出來的，不難想像，這樣的團隊是缺乏創造力的。

如果要與此管理理念相對應，那麼我們應該用什麼指標來考核我們的員工呢？指標大致可以分為定量和定性兩大類。其中定量指標是指這樣一類指標，員工對自己業績的考核結果與組織對其的考核結果一致，即便有誤差，誤差也在雙方事先約定的範圍之內。或者說，量化指標應符合 smart 原則。其中，s—specific，即具體的；m—measurable，即可衡量的；a—attainable，即可達成的；r—realistic，即現實的；t—timebounded，即有時間限制的。除此之外的指標就屬於定性指標。那麼哪一類指標更為合理呢？下面我們還是透過一個故事來進行分析。

① 這並不是說組織不需要任何價值觀,因為一個組織在其發展過程中,必然會提煉出一些實用的且符合經營環境和發展需要的經營理念或經營價值觀,其員工認同這些價值觀是起碼的要求。組織通常也會用這些價值觀遴選員工,或將之灌輸給員工,這些都是正常的。但不能用管理者的個人價值偏好來替代組織價值觀。

這個故事很簡單,說有個小和尚在寺廟裡擔任撞鐘一職,半年下來覺得無聊之極,於是就做一天和尚撞一天鐘,「磨洋工」而已。有一天老主持宣布調他到後院劈柴挑水。小和尚不服氣地問:「難道我撞的鍾不準時不響亮麼?」老主持耐心地告訴他:「你撞的鐘雖然很準時很響亮,但是鐘聲空泛,聽著沒有感召力。我們的鐘聲是要喚醒沉迷的眾生,因此撞出的鐘聲不僅要洪亮,而且還要圓潤、渾厚、深沉、悠遠。」

聽完這故事以後,請你做個選擇題。你覺得老主持說話有道理,還是覺得小和尚應該反駁?

這個故事至少告訴我們兩個道理:

第一,作為管理者,應事先闡明工作的意義(或願景),不要做事後諸葛亮;

第二,假如我們在老主持手下工作,最大的收益是什麼?可能不出幾年,你就會成為半個文學家。

因為這樣一個枯燥的工作,老主持居然能夠用「圓潤、渾厚、深沉、悠遠」這麼一組富有詩意的詞彙來描述,很了不起。

但是,你要是在他手下工作,那我告訴你,除非你跟他關係非同一般,否則你就麻煩了。因為他的考核指標全是圓潤、渾厚、深沉、悠遠等定性指標,這些指標最大的特點就是「說你行,不行也行」、「說你不行,行也不行」。如果看得慣你,你怎麼敲都是天籟;要看不慣你,怎麼敲都是噪音。因為這裡隱含了相當主觀的判斷。

那麼,如果要用定量指標來衡量的話,怎麼個量化法呢?從這幾個角度考慮可能更合理:

第一，準時肯定是必要的，把握好什麼時候敲；

第二，敲多少下，包括每天多少次，每次多少下，應該有個規定；

第三，每一聲的間隔還是要考慮的；

第四，力度。後兩個指標可以透過培訓來解決。

應該說，比起「圓潤」、「渾厚」、「深沉」、「悠遠」這幾個指標，用「準時」、「次數」、「間隔」、「力度」來考核一個員工可能更科學。但這幾個指標嚴重缺乏詩意，這就告訴我們一個道理：管理是缺乏詩意的。透過上述分析，我得出這樣一個結論：定性指標隱含著「朋友」的判斷；定量指標隱含著「績效（貢獻）」的判斷。這是定量指標和定性指標最大的差別。

定性指標看似「貌美」，實際上它缺乏操作性且很主觀，員工很難把握。定量指標不僅可能做到客觀公正，更重要的是，它能讓員工感覺命運掌握在自己手裡；而定性指標讓員工感覺命運掌握在主管手裡。故事中的「圓潤、渾厚、深沉、悠遠」看似可掌握，但實際上話語權更多的掌握在主管手裡。面對定性指標，員工發現，除了努力工作——努力工作固然重要，經營關係可能更重要。

先進國家組織的管理跟中國組織的管理相比，有個最大的差異：國外組織儘可能用定量指標來考核各個層次員工的業績；而有些組織，除了基層的量化指標較多一些外，愈是高層主管，對其考核的指標中，定性指標就愈多，定量指標就愈少。

不難發現，在定性指標用得比較多的組織中，管理行為更容易偏離組織預設的正常軌道。何謂正常軌道？就是一組織追逐的使命與這種使命在組織每一天營運中的具體體現之間的連結所形成的軌道。由於定性指標的存在，組織使命與每天具體營運之間就會存在許多模糊地帶，其中最典型的表現之一就是，管理者可能會濫用權力。設想一下，如果管理者用定性指標考核下屬，意味著一切都是他說了算，這個時候會讓下屬覺得工作在預期很不明確的氛圍中，因為管理者的話語權很大。這必然使管理者的領導控制慾及虛榮心得到極大的滿足。在這樣的氛圍中，官癮是過足了，但組織內部絕對是烏

菸瘴氣。所以，任何高管都必須要在過足官癮和組織健康發展之間做一個度的把握。像西方國家的先進企業組織那樣，將其考核指標儘可能量化。

既然量化指標有這麼多優點，那為什麼得不到推廣呢？說明它肯定有缺陷。它至少有兩個缺點：

一是量化指標會讓管理者感覺到當幹部沒什麼吸引力，他們內心並不太願意接受量化指標。確實如此。所以說在外資企業，每個層面的人都覺得自己是打工的，就是因為那一套量化指標體系讓員工感覺到命運更多的掌握在自己手裡，自己未來的職業生涯發展預期與工作業績之間的關聯很強，這時對主管的依賴就會下降。況且，量化指標的存在，使得權力運作的空間變得相當狹窄。可能在外資企業工作的讀者會有同感。我和一個同事研究過一個課題，就是專門研究企業構建 KPI（亦即量化指標體系構建）失敗的現象分析。調查發現，構建 KPI 的最大阻力更多的來自於中高層主管。因為一是量化進行得徹底了以後，高層主管所受到的挑戰更具針對性，必須用業績說話。雖然說很多 KPI 體系都是高層主管自己引入的，但是一引入後牴觸最大的又是他們自己。

二是量化指標越全面，固然能全面反應績效，但蒐集相關數據的成本也比較高，對組織訊息系統及相關從業人員素質要求就比較高，這對組織是一大挑戰。

總之，從重視貢獻的角度看，可衡量才可管理。反過來說就是，不可衡量那就不能管理。可見衡量是很重要的。量化是一個組織健康發展的制度性的準備。作為管理者，不管你面臨的實際情況如何，你必須樹立一個基本理念，即儘可能用量化的指標來考核員工的業績。之所以加「儘可能」三字，是因完全量化實際上是很難的。然而儘可能量化，卻應是我們努力的方向。

關於量化的再思考一：「物化」與「量化」

量化指標並不是完美的管理工具，可理解為是源於定性指標有諸多瑕疵這一前提下的無奈之舉，但同時，我們不得不承認，量化指標確實符合現代社會的發展趨勢。「量化」可以說是 20 世紀哲學領域「物化」這一思潮在

管理領域的極致體現。這裡我引用吳曉東在其《從卡夫卡到昆德拉——20世紀小說或小說家》裡的一段略帶批判性的話語來表述：

「物化」可以說是20世紀西方馬克思主義最重要的範疇之一……美國學者傑姆遜曾經分析過這個概念，他認為「物化」是從馬克思那裡來的，即馬克思從商品拜物教中發現了物化現象，結論是資本主義把社會關係都變成了物。而到薩特的存在主義那裡，物化有更極端的形式，把人都變成了物和手段，思想也變成了物，連字詞也有物化的力量。而真正使這個概念得到普遍接受的是盧卡奇，在其著作《歷史與階級意識》中，他分析資本主義社會的特徵之一就是一種拜物化或物化的特徵。中產階級把每一件事物都理解成可計算、可感可觸的東西。例如，做一件事之前先要算一算可賺多少錢，這件事可賺多少，那件事為朋友做的，沒錢但有禮物等等，都成了物化關係。

我尚不明白，物化給我們社會將帶來什麼樣的影響，這個問題留給哲學家去思考。但不可否認，隨著統計、會計、財務等分析工具的發展，企業的經營管理行為越來越精細化，其中量化是必然趨勢，但其不可避免地在夾雜著批判和支持的聲音中前行。

關於量化的再思考二：為什麼美國人活得輕鬆

訪美期間，我去考察了幾所大學的研究生教育管理。接待我們的相關部門負責人，並非如你想像的具備所謂的大學管理者的統一外在特徵，而是各色人等均有，多為女性。但只要問及管轄範圍的事宜，他們都回答得非常專業、有深度。這個現象引起了我的一些思考。我就先從美國勞動法規說起。

美國的勞動法規稱為《平等就業機會法》（equal employment opportunity laws，簡稱 eeolaws），又稱《反僱傭歧視法》。這些法律旨在消除特定類型的就業歧視，諸如種族、膚色、性別、宗教、出生地、年齡、殘障等。其中最重要的一部法律是1964年頒布的《民權法》①（the civil rights act of 1964）以及1991年修正後的《民權法》。後者是對前者的補充。這個補充非常重要，更具有操作性，因為考慮了以下三個要素：

一是加入了精神賠償，加大了對僱主的懲罰力度；

二是由僱員提供歧視的表面證據,而僱主須提供中間證據,即把主要舉證責任推給僱主;

三是認為混合動機也是不合法的僱用歧視。混合動機是很多就業歧視案例的主要原因,即部分原因合理(比如經濟蕭條等),但部分原因隱含歧視意圖。

① 主要是該法的第七章;其他法律依據包括憲法第五、第十三和第十四修正案,《年齡歧視法》,《平等薪資法》,《殘疾人法》,《康復法》等。

《反僱傭歧視法》較好地確保了勞資雙方以及僱員之間的平等地位。招聘員工時,諸如身高、體重、來源國、膚色等與工作無關的要求①不能作為招聘條件,因為這些條件經不住效度檢驗。也就是說,你無法證明具備某種條件的人(比如身高、體重達到某種要求),比不具備某種條件的人在工作績效方面存在顯著差異。如果僱主使用與工作無關的條件或標準作出相關聘用或辭退決定,僱主將會遭到僱員投訴,並且這種投訴能得到法律很好的保護。

在法律的威懾之下,勞資雙方理性博弈的結果,只有一類標準被雙方認同,即與工作本身緊密相關的標準。「緊密相關」最終體現為一系列量化標準,即與工作有關的一些明確規定。因為只有量化,才能更有效地消除分歧達成共識,也才能更好地說服對方。這時勞資雙方特別是僱主的主觀隨意性會降至最低,使得「平等」二字才能落實到實際操作層面。

在「量化」的預期下,員工自然知曉,只要把工作做好(即達到量化標準),這個職位基本確保無虞②;只要把本職工作做得更職業、更專業,就無需為工作之外的事務擔心太多。這就意味著,員工的努力方向會更加明確,預期更確定,當然活得也更輕鬆。

① 但不是說僱主絕對不能用這些標準,為此僱主會提出「善意職業資格」這一抗辯理由。

② 當然仍然抵抗不了諸如整體性裁員等風險。

第七章
發揮人的長處

第七章 發揮人的長處

這個話題非常普通，和時間管理的話題一樣，我們從小就在講。但是天天接觸這個話題的並不見得就一定是箇中高手。一說到發揮人的長處，你首先想到的是誰？你的手下？我們今天建立新的視野。一個是上級，一個是自己，還有一個是下屬，但上級和自己是最重要的。

一、用人所長的管人原則

（一）用人之長，必須先要容人之短

這一點說起來容易，做起來卻是兩碼事。很多心理學的實踐告訴我們，一旦明確了對方的缺點，希望他改正，他能改，但他卻不改，久而久之，他在你眼裡就只剩下這個缺點了。

面對對方的缺點，我們怎麼辦？這裡提出三個經驗性對策：

第一，讓有缺點的人儘可能改正缺點。這做起來很難。詩人旦丁說過一句名言：「走自己的路，讓別人說去吧！」但這種話用在一個特定的組織中並不一定合適。作為組織的員工，最好要走組織給我們指明的路，要根據組織對我們的期望來調整自己的行為，這是我們快速融入組織的捷徑，否則就容易被邊緣化。所以，要儘可能改正缺點。

第二，對有缺點的人，儘可能寬容。這個做起來也很難。我個人認為，寬容需要一種氛圍和環境。在一個有比較悠久專制歷史的地方，你會發現大家一般不太寬容。對於不同的意見，人們習慣於用自己的威權，比如用粗暴的方式（含精神暴力）來處理。在這樣的地方真的很難培養一個人的寬容度。在一個比較民主的地方，人們更容易做到寬容。因為在那種地方隨時都會訓練人如何樹立平等及寬容的理念去適應不同的意見。龐龍在其著作《寬容》中對此有精闢的論述。

現代文明社會的一個重要特徵就是，它是多元的存在。多元意味著什麼？就是不能只認為自己那一元是唯一正確的，而是必須要學會承認並適應多元的存在，即我們要學會承認別人的合理性，這就叫做寬容。一般很多時候人是不寬容的，總覺得自己是唯一正確的，其他人都是錯誤的。一個總持有這

種觀點的人，到哪裡都處不好關係。有些夫妻吵架鬧得不可開交有個最重要的原因是什麼？就是雙方都堅持自己的觀點，認為自己才是正確的，對方是錯誤的。只有學會寬容、學會理解對方，矛盾才能得到解決。寬容是文明時代的代表。你不認同某種觀點的時候不要首先假定它一定是錯誤的。堅持自己的底線，同時承認多元化的存在。

第三，你如果發現自己身上的缺點很明顯，但是和工作本身無關，我建議你最好到競爭激烈的地方去。因為在競爭激烈的地方，人們更加寬容①，你身上那些與工作無關的缺點容易被縮小乃至被忽略。

① 這種寬容是相對的，因為在競爭激烈的地方，一個人身上與工作有關的不足或缺點更容易暴露，而在競爭不激烈的地方，與工作有關的缺點反而容易隱藏。

在競爭不激烈的地方，你身上的缺點即便與工作無關，也容易被擴大化和嚴重化。因為有些人可能因為無所事事，總是盯著你的缺點看，結果越看越嚴重。競爭能夠消除人們對你缺點的關注，而更關注你與工作內容有關的成績。

（二）尊重合作夥伴的原則

尊重合作夥伴，就是尊重自己；貶低合作夥伴，就是貶低自己。我有一個朋友，在一個單位擔任部門副手。他的業務水準相當高，又是名校碩士畢業，但他有些瞧不起他所在部門的主管，總覺得別人不如他。我就跟他說，不要總是說人家不如你，在別人聽起來只能證明你更無能。為什麼？如果你覺得他不如你，把他取代了就行了；取代不了，只能證明你還不如他能幹，說明他身上肯定有你不具備的能力或優勢。一定要尊重合作夥伴，不要總認為自己特別聰明。之所以這樣講，是因為合作原則在團隊管理過程中非常重要。

二、發揮上司的長處

　　這裡提到的上司，不是泛指一個下屬的所有上級主管，而是只限定為其直接主管。「頂頭上司」這是一個常被管理理論研究忽略的領域，很多管理類書籍都不提如何發揮上司的作用，而更多強調如何發揮下屬（員工）的作用，因為整個管理學假定的管理對像一般均指下屬。其實主管對一個下屬而言，是非常重要的。他是一把「雙面刃」，如果跟他關係理順了，他是你職業生涯中最大的推動力；反之，如果關係處得不好，他可能成為你最大的絆腳石。

　　一個人能成為主管，至少可以證明一點，他比普通人更有能耐，不見得只有能力。「能力」這個說法太單一，「能耐」更綜合一些。比如，也許有人會說，主管的文憑沒他高。一個文憑不高的人能當上主管，這說明這個單位在選拔人才的時候除了考慮文憑，還會考慮能力、經驗、關係、背景等等。這恰恰折射出組織的「遊戲規則」是綜合的。作為下屬，要瞭解組織遊戲規則綜合多元的特徵，然後強化優勢、彌補不足，而不要只看自己身上唯一的優勢，無視自己身上諸多的劣勢，然後謾罵組織不公平。這種做法不明智。現實中很多人習慣於這樣，總是怨天尤人。也就是說，作為下屬心態要好一點，不要老是盯著主管的缺點看，要積極地應對。

（一）跟主管合作帶來的好處大於對抗

　　西方有個學者做了一個很有趣的論證，他說：「被主管瞧不起的下屬會越來越被主管瞧不起。」他是這樣論證的，任何主管總是將下屬分為自己人和外人，類似於垂直組合（vertical dyad linkage theory）或稱領導—成員交換理論裡關於將下屬作圈內人和圈外人的分類。該理論認為，一個領導者有多個垂直組合，並會以不同的方式領導不同的下屬。由於時間壓力，當領導者與某一下屬在相互作用的初期，領導者會以下屬的能力和相互協調來決定下屬應屬於圈內人士還是圈外人士，把下屬中的少部分人確定為圈內人士。這些圈內人士受到信任，得到主管更多的關照，也更可能享有特權；而其他

下屬則成為圈外人士，他們占用領導的時間較少，獲得滿意的獎勵機會也較少，他們的主管—下屬關係是在正式的權力系統基礎上形成的。

被主管瞧不起的應屬於外人。與主管的自己人相比，外人在工作中通常面臨如下挑戰：

一是主管總是會將難度低、容易完成同時意義重大的工作交給自己人來做。所以，作為外人，你接受的任務的難度通常比較高，但意義不一定大。

二是你得到的支持相對少。因為既然主管瞧不起你，肯定給你的財力、物力、訊息、權力等的支持就少。

有人會認為主管不支持無所謂，只要同事支持就可以了。這個觀點通常也不正確，因為同事也看主管的態度行事。組織畢竟是一個權力等級文化結構，同事如果發現主管對你不「感冒」，同事當然也不敢對你「感冒」，否則容易被主管納入外人圈子，因此同事不太願意冒這個險，你得到的同事支持肯定很少。

三是你會冒進。你為了證明自己不是主管想像中那麼差、那麼沒有工作能力，你該怎麼表現自己？比如主管問「這個事情一個月能不能完成」，你為了證明自己不是主管想像中那麼平庸，你總有一種有意無意的心理衝動，希望透過提前完成任務來證明自己聰明、有能力。結論也隨之而來：你喜歡冒進！

想想看：如果難度高、支持少、愛冒進，那麼失敗的機率呢？當然就比較大。一旦失敗了，主管會怎麼回應？「你讓我怎麼樣才能相信你呢？」主管可能會越來越瞧不起你。

但不管怎樣，即便難度最大、支持最少、最冒進，仍然有成功的機率。一旦成功了，就是你被納入上級所設定自己人圈子的機會。這時應該告訴所有的人：「我的成功離不開主管的支持、同事們的幫助。沒有你們，就沒有我的今天！」成功證明你能力不錯，分享成果證明你情商不低。二者都不差，就容易被納入主管所設定的自己人圈子。

根據領導—成員交換理論，領導者傾向於將具有下面這些特點的人員選入圈內：個人特點（如年齡、性別、態度）與領導者相似，有能力，具有外向的個性特點。

在職場中，有時候人要學會分享，即便你內心並不太願意。這也是團隊合作能力的組成部分。你向別人表示感謝時，是給人進行一種精神「按摩」。此時，人們通常想的是：「他的成功真的離不開我們的支持」，進而拉近了彼此的距離。

但是，這只是理論上強調，實際很多時候——至少存在一定的機率，人在巨大成功面前最容易流露出真實的自我。當別人問他：「你怎麼這麼成功啊？」他會說：「你知不知道我是怎麼努力才有今天的？我是在主管不支持、同事不理解的情況下，憑著自己堅定的毅力，一步一步邁過各個坎才走到今天的，不容易啊！」這倒是實話，他就是這樣過來的。但是這樣的話在組織權力等級文化面前，除了有「牢騷功能」，沒有任何實質性的功能。比如你用五張 A4 紙，把自己的成功心得寫出來。你的主管只在你第一行前面加一句話就可以了。哪一句話？「在我的領導下，該名員工克服了諸多困難，終於成功了。」一句話就把你的功勞歸在他的名下不說，還得出結論——「幸虧及時發現，這個小子真是『子係中山狼，得志便猖狂』」。我的意思就是說，成功後仍然有失敗的危險。這時你的情商必須要跟上才行。

「被主管瞧不起的下屬會越來越被主管瞧不起。」這時唯一的出路就是一要成功，二要分享。你肯定還有疑問：對抗有沒有成功的可能？「我就選擇對抗，我不幹。」有，但是勝利果實一般輪不到你分享。

一般什麼時候才能把你那個主管趕走？通常情況下是這個部門的業績特別差，超過了領導容忍的底線，就必須換人。而業績差的部門一般主管人選，很大機率會從組織內部其他優秀部門調過來。這是最常見的處理辦法。即便從本部門選，你那個主管知道是你把他趕走的，他也會向組織提出最後一個要求：「我走無所謂，就是不要那個沒良心的小子上！」這個「小子」就是指你，因為是你把他擠走的，這時組織一般會答應他的要求。因為在組織的利益名單裡，主管肯定是排在你的前面。退一萬步說，誰上還不都一樣。

二、發揮上司的長處

也就是說，勝利果實一般輪不到你來分享。綜合起來看，合作的好處確實大於對抗。至少合作有兩個實質性的好處：

第一，杜拉克有句話說得好，「凡是成功而升遷得快的主管，則其部屬也是最容易成功的」。為什麼？因為這個位置時不時出現空缺，我們替補上去的可能性就大增。況且，他是升遷者意味著在更高的位置上發揮更大的影響力，會給我們更多的照顧。

第二，精神上有好處。合作會讓你更加陽光，選擇對抗會讓你變得陰暗。而且，主管不同於下屬，主管是籠罩在我們頭上的，要麼是陽光，要麼就是烏雲。所以，總是選擇對抗的話，你頭上總有烏雲，這樣你自己會活得很鬱悶。為什麼不撥開烏雲看看陽光呢？所以說合作是最好的。

那麼，我們怎麼和主管合作呢？具體路徑有很多，這裡我提兩點基本建議：

（1）要理性看待我們的主管，一定要把主管當成人。很多下屬不把主管當成人，這有兩個極端：一是神，二是連人都不是。如果把主管當成神的話，你就無視他的缺點，你就會盲從；如果把主管看成連人都不是呢，你就無視他的優點，覺得他一無是處，你會拒絕與他合作。這兩個極端都是非理性的。真正理性的做法應該是把主管當成人，他既有優點，也有缺點。我們的任務是揚其長，避其短。

（2）當你遇到一個性格跟你很不一樣的主管時，該怎麼辦？或者說，當你遇到一個性格與你相左，或者你不太欣賞的人做你主管時，怎麼辦？至少有三種經驗性對策：第一種，讓主管調整他的性格來適應你；第二種，選擇離開——惹不起，躲得起；第三種，調整自己來適應主管。這裡我們來分析一下，看哪一種方法更可行。

第一種對策，毫無疑問，大家都知道肯定不可行。讓主管調整他來適應你，於情於理都說不過去。一個主管至少有五個下屬，那麼他每天要用五種性格來適應五個下屬，這就意味著他首先要自我分裂，因此不合情；於理呢，違背了組織權力等級文化裡面的服從原則，服從意味著下級要調整自己適應

上級，也說不過去。雖然我們有時建議主管應該調整自己來適應一下，但是這真的很難。

第二個對策，選擇離開行不行？這是我們容易想到的。惹不起，躲得起。但心理學家告訴我們：「一旦明確對方有缺點的時候，一定要告訴自己，其中有部分原因是出在自己身上，即是你自己身上的性格缺陷在對方身上的一種折射。」正所謂「心中有佛所見即佛」。一個心裡陰暗的人到哪裡看別人都會覺得陰暗。當你認為主管有問題的時候，可能一半問題出在你身上，除非你所在部門的人都一致公認「我們的主管有問題」。這時你的結論可能是正確的。但是話又說回來，大家都公認性格有缺陷的人，還能當上主管嗎？如果是這樣，只能證明這個組織整體已出現了嚴重的問題。所以，如果是你自己性格上有不足，那麼跳槽也是絕對解決不了問題的，因為你很難找到跟你性格完全吻合的主管。可見，人要多從自身找原因，學會自我反省。一個會自我反省的人應該是優秀的人。

第三種對策，我認為是最積極健康的，那就是調整自己來適應對方。既然無法改變對方，那就試著調整自己來適應對方。「山不過來，我過去」，這句話據說最早是由伊斯蘭教的創始人穆罕默德說的。我們暫且不去探討該故事是否真實，但它確實有啓發意義。任何宗教創立之初，要讓別人放棄原有的信仰去接受新的信仰，難度可想而知。所以，穆罕默德為了鼓勵他的門徒勇於克服未來可能遇到的重重障礙，有一天他跟他的門徒們說：「你們相不相信，我朝對面的山喊三聲，那山就會移過來！」門徒們將信將疑，穆罕默德連喊三聲，山當然是巋然不動。這時穆罕默德淡然地說了一句：「既然山不過來，為何我們不過去呢？」情同此理，既然你無法改變對方，你又無法離開，那你為什麼不試著調整自己來適應對方呢？這是一種非常好的人際溝通心態，一個人能做到這種程度絕對是箇中高手，特別是在眾人面前更需要這樣做。

我知道看到這裡肯定有讀者會說：「我終於明白了，你無非是想把我們培養成奴才嘛。」我當然不是這個意思，奴才意味著不平等，包括人格和地位，但我們與主管之間是平等的，是一種合作關係。總而言之，跟主管合作

的好處絕對要大於對抗,而且在精神上也有好處——讓我們生活得更加陽光。不要老是在陰暗、憂鬱中生活,工作是為了更好地生活。你如果跟主管老是關係處理不好,心裡就會感覺主管就像一朵烏雲,每天籠罩在你的頭上。這個陰影是很摧殘人的。為了使自己生活得更陽光,我們還是要從容面對。而且,一個人能成為我們的主管,至少可以證明他比我們更有能耐,他身上肯定有值得我們學習的地方。這種東西背後恰恰隱含了組織的遊戲規則,是我們快速融入組織的絕佳路徑。

三、如何發揮自己的長處

上文主要講的是,以合作的精神來應對和處理與主管的關係。希望大家抱著這樣的心態來理解和處理未來的工作關係。

下文將涉及一個自身的問題——發揮自己的長處。大部分人都比較容易強調自己不能做什麼,比如老闆不同意他們做什麼,公司政策不允許他們做什麼,政府不容許他們做什麼等等,很少強調自己究竟能夠為組織做些什麼。這裡我想和你們探討兩個問題,一是什麼樣的員工最受組織歡迎,二是面對枯燥乏味的工作,我們該怎麼辦。

(一) 什麼樣的員工最受組織歡迎

一個受組織歡迎的員工至少具備兩個特點:一個是有能力,一個是態度好。一個受組織歡迎的員工應該是強大的能力加上積極的態度。能力加態度,這是向組織表達自己認同感的兩個重要途徑。

什麼叫能力?能力是不是可以用文憑來概括?文憑只是能力的一種表述方式。實際上這裡所講的能力,應該在前面加兩個字,叫做「勝任能力」,不是指絕對能力。什麼叫勝任能力?就是只要具備組織所希望你具備的能力即可,達到組織的期望水準就可以了。注意,勝任能力是一個相對概念。按照這個理論,一個留美的物理學博士在農村有可能還不如當地的一個村民。他能力強不強?留美博士的能力應該很強,但是呢,當地不需要他,因為他

不具備當地人所期望的那種能力。當地人期望的是哪種能力呢？能種好莊稼，但是他可能不具備。也就是必須具備組織所期望的能力才算有勝任能力。

態度呢？這個「態度」不是心理學定義的態度，而是從管理學角度定義的態度。是一種什麼樣的態度？即員工那種渴望被組織接納、渴望融入組織、渴望成為組織一員的一種心態的表達。一個受組織歡迎的員工，絕對是擁有強大的能力加上積極的態度的員工。

根據能力和態度，可將組織的員工分為四類。

第一類是強大的能力加上積極的態度，後面三類的劃分，不同組織有不同的排序。在一個健康的組織當中，

第二類人能力很強，但是態度不端正。

第三類人是能力不強，但是態度端正。

第四類人兩者都不行。

在一個不健康的組織裡，第一類人不變。第二類，能力不強，但是態度端正的人可能活得更好一點。第三類兩者都不行。這些都能忍受，最無法忍受的是什麼？能力很強，但是態度不端正。這裡只強調第一類人，不管什麼樣的組織，第一類人的判斷標準均一樣。因此，要努力達到兩個角度的要求，就是要向組織表達自己的能力加上積極的態度。

兩個角度固然重要，但與之伴隨的問題是，如何向組織表達我們的能力，如何向組織展現我們的態度。在討論這個問題之前，我講個小故事。很多中國學者在 20 世紀 80 年代末期的時候喜歡探討為什麼江蘇南部比江蘇北部發達。當然原因很多，靠近上海，受到的經濟輻射更強是其一。其中有個學者的觀點不見得正確，但非常有意思。他說：「蘇南人跟蘇北人最大的差別在哪裡？蘇北人只做政策允許做的事；蘇南人不一樣，他只是不做政策禁止做的事，其他事情都敢做。」讀者朋友看出這兩者的差距沒有？蘇南人比蘇北人多了一些機會──中間的灰色地帶，即沒有明令禁止也沒有大力提倡的事情。大量的商業機會往往恰好存在於中間的灰色地帶，因為政策允許做的事「地球人都知道」，已經談不上有太多商業機會。

這個故事引用到個人管理上來說，我們每天的工作也可以分為三類：肯定要做的事；可做可不做的事；肯定不能做的事。一般結論都是：做肯定要做的事，是你的本職工作，這是展現自己能力的絕佳機會；做可做可不做的事，是展現自己態度的絕佳機會，因為只做肯定要做的事不足以展現你的態度，態度是這裡的必要條件，是應該的。什麼地方可以展現我們的態度呢？做中間那部分可做可不做的事，這往往是展現態度的最佳機會。

一個朋友所在的學校要求每一個學院尾牙都要出一個表演節目，參加學校的年終匯演。他們學院的女老師們成立了個舞蹈團。她們每天練得非常辛苦，練了很久。只要一有空就排練，甚至學院辦的旅遊活動期間也練，非常投入。演出那天她們借來了華麗的舞蹈服飾穿上，在臺上發揮得也相當出色。跳完下來她們用熱切的眼神盯著同事問：「跳得如何？」同事的回答也是發自肺腑：「太精彩了！」但朋友說大家心裡有句話打死都不敢說出來：「這幫人在臺上怎麼看都像一群肥天鵝，扭啊扭的。」這當然是玩笑。跳舞對該學院的老師來說，典型屬於可做可不做的事。這種事情重在參與，至於跳得好不好，根本無所謂。但跳的時候越投入，表示越熱愛這個組織。組織有時候喜歡「無限上綱」。為什麼這樣講？一個人喜歡跳舞，並非僅為「熱愛組織」，可能真正的原因是自身很有「藝術細胞」，聽到音樂就想跳，因而在臺上很投入。但組織會怎麼認為？它會認為你熱愛組織。即組織喜歡將一些純屬個人偏好的東西上升到組織的高度來提煉，然後總結出你熱愛組織。

換言之，雖然這個訊息傳遞不見得真實，但至少給組織發送了熱愛組織的信號。這就是展現態度的絕佳機會。當然，一個大學老師，課上不好行不行，科學研究搞不好行不行，那絕對不行，因為這是你的本職工作，光靠態度是不夠的，還需要能力。跳舞是業餘愛好，參與就可以了，不見得非要像楊麗萍老師這樣的專業人士才可以跳。學院說：「楊老師，請到我們學院來，一年跳兩次，跟一幫業餘愛好者同臺。」她來不來？她肯定不來！因為跳舞對楊麗萍老師來說是她的本職工作，那需要專業來支撐。做中間那些可做可不做的事，展現的是態度，而非能力。越投入表示你越熱愛組織，這是有道理的。

又比如，你參加你們單位組織的各部門之間的拔河比賽，就屬於可做可不做之事。你知道，拔河最難的是什麼時候？是雙方力量相持不下的時候。拔河相持越久，大家面部肌肉越是扭曲變形，照片拍下來都認不出這是誰。但是看到自己的員工面部表情越變形，領導越覺得他可愛。因為這是一種態度的展現，越扭曲意味著越熱愛這個組織。雖然說這樣的聯繫不見得正確，但是確實符合一般人的想像。為什麼？你之所以投入，可能真正的動因是因為你看不慣對方第一個隊員那個囂張的樣子，不相信自己這一組贏不過他，因而加入戰鬥。但組織喜歡「無限上綱」，一看你這麼投入，就習慣性認為你是熱愛組織的。

所以，希望大家一定要參與一些可做可不做的事，這是向組織表達態度的絕佳機會。光靠做好本職工作是不夠的，中間那個是態度。這兩個都做了，能力才能表達出來，態度也展現出來了。這是快速融入組織的絕佳途徑。

（二）面對枯燥乏味的工作，我們該怎麼辦

每一個職場中的人似乎都有下面這種類似的經歷：剛到一個新職位或接到新任務的時候，你會覺得一切充滿了挑戰，新鮮、刺激，自己活力四射，渾身有使不完的勁。但是隨著時間的推移，你發現這工作對於你來說變得越來越簡單了。正因為簡單，你開始感覺每天都有點重複的味道。正因為簡單、重複，你慢慢感覺到有些許的枯燥和乏味。發現自己的工作有點枯燥和乏味，這是職業枯竭的徵兆。雖然不嚴重，但是這種徵兆絕對值得警惕。當面對一個枯燥乏味、簡單重複的工作時，我們應該怎麼辦？這是一個棘手的問題。

在解決這個問題之前，我還是來講一個故事。我有兩個研究生，畢業後分配到同一家銀行的省分行工作。該行有個規定，任何新進的員工，不管是碩士還是大學生，都必須到基層鍛鍊，以便瞭解銀行的整個業務流程，於是他們兩人就被分配到一個儲蓄所去當出納。工作不到一個月，他們回來聚會，其中一個就開罵：「什麼銀行，居然讓我們碩士研究生去數錢（當然不是給自己數），當出納！」當時我並沒有太留意他的話，只是認為他們單位確實有點大材小用了。但後來發現問題沒有那麼簡單，另外一個沒有抱怨的同學

不到兩個月就被調走了,去一個儲蓄所當見習副主任。抱怨的那個同學居然在下面數錢數了一年多,數得精神都快崩潰了。

這個例子就是職場中最常見的現象:你越喜歡做的事,組織偏偏不讓你做;你越不喜歡做的事,組織偏偏讓你做,而且讓你做個夠!這是一個災難性的後果。道理其實很簡單,因為你越喜歡做的事,意味著你越容易投入,越投入意味著工作越容易做得出色,工作出色就給組織傳遞了更加積極的信號。你的出色表現在「幫」你對組織說:「把我放在這個位置上是不是浪費了?希望組織給我更大的責任和挑戰!」反之,你越不喜歡做的事你越不投入,越不投入工作就越難做得出色,組織就找不到任何晉升你的理由和信心。因為連這個都沒做好,組織怎麼可能把更重要的任務交給你?

結論是:「要想脫離苦海嗎?最重要的策略就是全力以赴把目前的工作做好。」你說你最喜歡數錢了,組織看你數錢的時候眼睛發綠的樣子心裡會緊張:「不要再數了,過來,當儲蓄所見習副主任吧」。你說你最喜歡當見習副主任了,組織覺得「不行,過來,當儲蓄所主任!」你說你最喜歡當儲蓄所主任了,「我 enjoy,我投入」。組織覺得「不行,你過來,當一個支行的部門負責人」。你說你最喜歡當支行部門負責人了,「我 enjoy,我投入」。組織說「不行,你過來,當支行副行長」。當然,一個人的晉升不會這麼順利,但這是基本規律。回顧一下你身邊的朋友,晉升快的至少大多在原來的位置上做得比較出色。

大學老師大概可以分成兩類。有一類老師說:「像我這樣的水準,我最討厭給大學生上課,要上就應該給碩士研究生和 MBA 上。」這樣說的老師,每個學期大概都只能給大學生上課。為什麼?因為他帶著抱怨的情緒去上課,備課不認真,上得也不投入,而且總是埋怨學生,所以大學生給他的評價分一般不高。拿著這麼低的評價分,研究生院就更不敢把研究生的教學工作交給他,因為他連大學生的課都沒上好。MBA 中心更不敢把 MBA 的教學任務交給他,因為 MBA 學生往往是所有學生中最為挑剔的一類學生,他們大多有比較豐富的人生閱歷及實踐經驗,加之工作壓力大,他們特別講究學習效率和所學知識的實用性。MBA 學生對老師挑剔的表現為:如果看不慣一個老

師，不像其他層次的學生，頂多「用腳」投票，在寢室睡覺，不來上課，而他們是要來上課的，但老師卻要換掉。

而另一類老師則會說：「我最喜歡給大學生上課了，我投入，我enjoy！」他備課非常認真，上課很投入，所以課就容易上得出色，這個時候學生的評價分就高。有這麼高的分數，研究生院就忍不住了，「你不能只給大學生上，過來給我們碩士研究生開門課」。他說：「我最喜歡給碩士研究生上課了，我投入，我enjoy！」MBA中心忍不住了，「你不能只給大學、碩士生上課，到我們MBA開門課」。該故事告訴我們：一個人機會的獲得絕對不是一朝一夕的，都是經過點滴累積最終達成，都是經過不斷努力的結果。所以，在這裡我還是想強調，如果你覺得目前的工作很枯燥的話，我想最好的解決手段就是全力以赴把它做好。

或許有人也有別的主意：「跳槽行不行呢？」跳槽是一種解決問題的方法。但是如果你工作不出色就跳槽的話，就很難找到更理想的工作。說不定只是換個地理環境，還是同樣的工作內容。相反，如果你工作出色了，組織內部就容易給你機會；即便組織不給你機會，你跳槽也比較容易獲得更好的機會。所以，工作出色永遠是脫離苦海的一個重要途徑。工作出色了，你投入了，你enjoy了，你會樂在其中，你會發現工作本身並不如想像中那麼枯燥。

但職場實踐還告訴我們，僅僅全力以赴似乎還不夠，還有一點也很重要，那就是藝術性的抱怨（complaining）。抱怨是一門藝術，完全不抱怨肯定不行。千萬不要讓組織猜你是誰，一般猜不出。只有你離開組織的時候，他們才意識到你重要，但為時已晚。如果你能幹，就得告訴別人，最好不要相信一句俗語，「是金子總會發光」。這句話本身並沒有錯，但用到職場上可能有些偏差，因為它忽略了一個重要的角度，時間角度。試想，如果我們把金子埋在地下一萬米，看它怎麼發光？！因此，你如果很能幹，就得告訴別人，不要讓別人猜。而藝術性的抱怨就是告訴別人你自身價值的一個很好的途徑。

不抱怨不行，但過度抱怨也不行，其中度的把握很重要。下面講個我自己的故事。幾年前，我的日子過得真是幸福，當時我家小朋友才三四歲大，高雄的父母和臺中這邊的岳父岳母都搶著來給我帶孩子，用現在的話來說，就是「競爭上位」，體現了濃濃的親情。想讓誰來誰才能來，想讓誰走誰就得走，因為另一邊的父母要來了。

兩年前，我岳父岳母要出國，我立即打電話給高雄的父母，想當然地認為我父母會過來。但這時我父親說了一句：「兒子，我有事不過去了」——這就是抱怨。這一刻我終於理性地認識到父母的重要性，當然之前也覺得他們重要，但那種理解過於抽象。這次終於把抽象變為具象，這種情勢迫使我理性地思考一個問題：如果沒有他們，我們的日子將怎麼過？答案是沒法過，因為我們兩口子太忙，如果他們不過來，孩子就沒人帶，他們很重要。於是我就問我父親為什麼不過來。他說了幾點理由：一是臺北天氣不太好，老是看不到陽光。臺北的天氣總體比較「曖昧」，不像高雄，要麼天晴要麼就下雨。二是吃的方面不習慣，這邊偏西式，高雄小吃多。三是非常孤獨，他們來了以後，我們只顧著忙自己的工作，沒有顧及他們，加上國語不太行，因此難以融入社區。四是年齡大了，沒必要為這種日常瑣事操心。所以，他們深思熟慮以後，決定不來了。

面對這樣的抱怨，我該怎麼辦？談判開始。一是他們自己的薪資就不要帶了，我們給他們發薪資，高鐵票也由我們買；二是過來後，他們想吃什麼就吃什麼，將就自己，不用將就我們；三是過來想帶孩子就帶，不想帶我們就自己帶，比如週末我們就自己帶；四是我們只要一有空就馬上次來陪他們。經過諸多讓步，他們說了一句：「那好，就過來試試吧。」那次我去高鐵站接他們，我爸從裡面出來，我突然發現，他的步伐都帶有貴族氣質。應該說，步伐還是原來的步伐，只是我的眼神變了。這就是抱怨的價值。

過來以後，有句話他總是掛在嘴邊：「孩子，我跟你媽商量了，我們想回家。」聽到這話，更讓我感覺他們是多麼重要了。

我爸的抱怨做得很好。最差的抱怨是哪種？就是帶著孩子，三天兩頭去醫院，讓你覺得，沒有他們，日子會過得更好。但我爸我媽不這樣，他們只

向我一個人抱怨，不會將這抱怨的消極情緒發洩到孩子身上。他們帶孩子時總是全力以赴，體現了非常好的「職業精神」。在職場中，最低劣的抱怨是哪一種？即當著一幫無關緊要的人來說組織諸多的不是。比如當著同事的面詛咒組織。你的同事一般會怎麼反應？大多數都會幸災樂禍，使勁給你鼓掌。「你說了我想說卻不敢說的話，繼續！」而你為了證明自己言行一致，既然語言上不喜歡組織了，行動上往往也以消極態度應對工作，這樣就陷入了惡性循環。這是個體之災難。所以說，抱怨是一門藝術，過與不及都有問題。

那麼，這個度該怎麼把握呢？職場上總結的經驗是，當你跟主管單獨相處的時候，對他說：「把我放在這個位置上是不是浪費了？希望組織給我更大的挑戰和責任」（大體意思如此，具體語言要根據實際情況組織）。但你從辦公室出來以後，必須要全力以赴投入工作。即一定要將工作和抱怨分開，工作一定要全力以赴，抱怨呢，只能在特定場合跟主管說一下，說完以後全身心地投入工作。這樣做的話，組織就很難拒絕你。這是一門藝術。

當你面對自己認為枯燥乏味、簡單重複的工作的時候，該怎麼辦？一句話總結：全力以赴地工作，加上藝術性的抱怨。

四、發揮下屬的長處

這是一個龐大的命題。管理學預設的一個重要管理（研究）對象就是下屬。可以說，發揮下屬長處的理論是很豐富的，管理學有很多理論都是圍繞這個來講的。這裡不再面面俱到地講述，而是選幾個我認為比較重要的話題展開。一是讓下屬勇於承擔責任；二是不要讓下屬找藉口；三是不要對下屬干預過多。

（一）讓下屬勇於承擔責任

在遇到困難的時候，每個下屬都會有很大的動力向主管尋求幫助。這時聰明的主管應該告訴他更多原則性的東西，讓下屬勇於承擔責任。這句話說起來容易，做到很難。因為要下屬承擔責任，前提是必須賦予他權力，這樣權責才能對等。如果只給他責任而不賦予他權力，他是無法很好履行職責的。

基於這點，作為主管還需要學會授權。但是授權對很多主管來說，那是相當難的抉擇，難度類似於從身上割肉。人類的實踐一再證明，管理者很少主動放棄權力，更多是受制於外在壓力才可能授權。

西方學者發現，人是否勇於承擔責任，還跟教育有很大的關係。在西方國家，從小就培養孩子們要勇於承擔責任。我記得有一次去一個美國家庭，他家的小朋友當時一歲多，剛剛學會走路。走到地下室最後一個臺階時，「啪」一聲就摔到地上，摔得很重。那小孩就哭了起來，哭是尋求幫助的信號。但是他父母站在旁邊，說：「自己起來」。我心疼得看不下去，就要上去拉，他父母卻說：「不要，讓他自己起來」。孩子發現沒人來拉他，最後就只好自己爬了起來。從小父母就告訴他：「你必須對自己的行為負責任，這是由於你自己不小心造成的。」這樣教育出來的孩子，情商要高得多。而華人的父母通常不會這樣，先是把孩子拉起來，然後使勁跺地，對孩子說：「你看爸爸媽媽打它了」。從小就無意識地讓孩子學會推卸責任。看來這真的是和從小的教育有關聯。

「三歲看大」，真的沒錯。美國的一位學者在20世紀60年代初曾做了個實驗：他在幼兒園的大教室當中放了個蛋糕，然後讓大人們離開。大人們離開之前告訴孩子們「不要隨便動蛋糕」，然後到一個孩子們不容易察覺的地方躲起來觀察他們的行為。這個時候，在蛋糕誘惑面前，也就是在「利益」面前，孩子們的行為表現就多元化了。有些孩子一看有蛋糕，上前拿起就吃；有些向門口一看，看大人來沒有，發現大人沒有來便去拿蛋糕；有些更精明，組織幾個孩子，有些拿，有些看門，然後再來分。這個故事演繹得有些曲折。21世紀初答案揭曉：那些直接上前拿著吃的孩子，長大後只能給人打工；往門口看看回來再拿的，自己創業當老闆；組織孩子們分工協作的，最後成為了高管。當然，該實驗不一定是一一對應，但總的相關性是相當高的。

承擔責任固然重要，但是還需要授權。主管之所以不願意授權，除了本能上對權力有依賴性需求外，還有一個重要原因就是對他人的不信任，總擔心下屬能力還不行，完成不了任務。在這種預期下，主管習慣於事必躬親。因此，授權對很多管理者而言，真的是一種考驗。我個人建議主管首先一定

要相信下屬，相信別人就意味著信任，信任是非常重要的。之所以不敢授權是因為不相信別人。我在第一章講過，能在一個平臺上競爭的人差距都不大，差距太大是走不到一塊兒的。千萬不要認為自己有多麼厲害，作為主管，你的過人之處可能主要是經驗多一點，畢竟在這個領域摸爬滾打多年。因此，一方面要相信別人也同樣能把工作做好；另一方面如有必要，也要給下屬獨立承擔責任的機會。組織為下屬工作失誤所付出的代價，應該視為一種必要的「學習成本」。

（二）不要讓下屬找藉口

藉口的可怕之處在於：

第一，會使主管喪失對問題真正根源的追逐和把握，因為藉口會讓你自己都覺得似乎很有道理。比如今天我遲到了，我說「不好意思，路上堵車」。明天我遲到了，當然我不能再說堵車，否則你會覺得我很庸俗，我會說「不好意思，下雨我去拿傘耽誤了幾分鐘」。第三天我又遲到了，當然不能再說前面兩個理由，我要尋找新的理由，「不好意思，昨天晚上頭疼，沒休息好，所以早上多睡了一會兒」。後來疼的地方就多了，腦袋疼、腰疼、肚子疼都可以。在這樣的藉口面前，你作為主管會怎麼想？每次工作失誤好像都情有可原。西方企業的管理經驗認為，不要讓下屬說藉口。更多時候要說一句話：「對不起，我錯了。」可是總說「對不起，我錯了」，會給主管留下什麼印象？好像工作效率很低的樣子，因為這是一種重複出現的錯誤。主管可能對其績效的評價就很低。下屬為了避免說這句話只有全力以赴把工作做好。因此，不要讓下屬找藉口，是非常必要的。

第二，如果允許下屬找藉口的話，每當下屬接到一個新任務的時候，首先是把原來的「藉口目錄」打開，看看已經找過了哪些藉口，這次應該創造一個什麼樣的新藉口，來解釋到時候完成不了任務的原因。也就是說，你會發現如果允許下屬找藉口的話，當他接到一個新任務的時候首先會花一部分時間和精力去尋找藉口，這就很難全力以赴把工作做好。特別是隨著工作難度的增大，找藉口的動力也會越來越足，他就無法做到專一、全力以赴、專心致志來完成工作。不允許下屬找藉口，是說到容易做到難。很多時候高管

也說「對不起，這是我的錯」。因此，最好能從高管自身做起，高管首先不要給自己找藉口，如此的話，整個組織的執行力就會增強。可見，「對不起，我錯了」這句話，很可能是重要且科學的一個表達方式。

（三）不要對下屬干預過多

有句話說得好：「與其瞎指揮，不如不指揮。」作為管理者，一定要讓下屬有這樣的感覺，即他做的每一件事都有一定的意義和價值，而不要讓下屬感覺到他做的事沒有意義。也許有人會說：「要讓下屬感覺到有意義和價值，他一天就沒什麼事可幹了。」果真如此，只能說明這個職位設置有問題，需要透過職位兼併和分析，將工作內容豐富化、擴大化，要想辦法讓該職位變得更有價值。

要讓下屬做的每一件事都有一定的意義和價值，管理者還要做一個重要的準備工作，就是不要對下屬干預過多。據說，管理者如果乾預過多的話，下屬就會產生一種強烈的願望——透過把這個事情做砸了來證明你的干預是錯誤的，然後對你說「都是你叫我這樣做的」。更可怕的是，管理者自己對此無法察覺到。所以說「與其瞎指揮，不如不指揮」，這是體現主管人格魅力的主要方面。就像我們前面講的那個小和尚敲鐘的故事一樣，如果事先告訴他撞鐘的偉大意義的話，他可能敲的效果會更好一些。

五、小結

發揮主管、自己和下屬的長處固然都很重要，但就這三個對象而言，歸根到底最重要的還是發揮自己的長處。自己的事處理好了，做其他事情都容易得多。所以，遇到枯燥乏味的工作的時候，只有全力以赴才能脫離苦海。

第八章
正確處理人情問題

第八章 正確處理人情問題

這一章，我們僅從理論上探討「關係」這一問題。實際上中國的關係是非常複雜的。「關係」在英文中有對應的詞「relationship」或「tie」，但是很多學者在研究中國的關係時發現，它很複雜且很有特色，後來索性用音譯詞「guanxi」來替代「relationship」或「tie」，以特指中國文化背景下的關係。之前，漢語直接音譯為英文的為數不多，但近幾年陡然增多，這可能跟中國國際話語權增強有關。在這為數不多的詞彙當中，「guanxi」是一個。

近一個世紀以來，對中國文化（關係）研究最具影響力的學者一般是兼具中西文化背景的學者，特別是兼有中西文化背景的華人學者。為什麼？因為西方文化背景為這些學者提供了參照系，這為他們敏銳地捕捉文化之間的差異提供了可能。對「關係」這類主題的研究也不例外，包括費孝通、黃有光、邊燕杰等等，都是中西文化背景很深厚的學者。目前對於「關係」研究很深的學者們多是在西方拿到博士學位，得到了系統方法論的訓練，加之本身又是中國人，他們在對不同文化進行比較時，容易抓到問題的要害。

一、華人社會中的差序格局和特殊信任

（一）差序格局

以費孝通先生為代表的一批學者認為，中國人的關係基本上是以自我為中心向外面延展開的一種關係模型。美國有個著名的社會學家叫格蘭諾維特（granovetter），他在1973年首次提出了關係強度的概念，並將關係分為強、弱兩種類型，但該概念是立足於西方文化背景而提出的。但中國的環境非常複雜，除了強弱，中間還有程度上的差異，費孝通先生用「差序格局」來概括。「差序格局」是費孝通先生提出的一個著名論斷。差序格局是一種因關係親疏遠近不同而有所差別待遇的行為模式。團體格局說明的是西方人因社會類屬不同而有不同的行為模式；而差序格局則強調的是華人以自我為中心建立起自己的人脈網路，因為網路的內圈外圈和圈內圈外的關係不同，而以不同的行為方式加以對待。所以說我們身處於一個「關係社會」或「人情社會」。

差序格局實際上很好理解，就好比往一個平靜的湖中扔一塊石頭泛起層層波浪，離中心點越近的地方波浪越高，越遠越弱，乃至於消失。中國的關係也是這麼一圈一圈的。離自己最近的這一圈一般稱為「家人」。再往外一層，一般叫「熟人」。再往外一層，一般的「朋友」。然後是「陌生人」。這是一種簡單的劃分，費孝通的研究比這個複雜深入得多。

這個理論，作為華人理解起來應該比較容易，因為它完全符合我們的經驗判斷。應對「家人」我們一般遵循什麼原則？我們稱為「需求原則」，這是從英語直譯過來的，需求實際上就是有求必應的意思。孩子交學費的問題，你一般是不講原則的：「多少？拿去！」你絕對不會說：「先寫張欠條，以後要還！」沒這個概念，當然外國人也是如此，華人表現更突出。實際上華人的父母不僅送孩子去上大學，還有結婚後第一套房子的錢可能都是父母給，這是「需求」到底！

依次往外推，最外面一層——陌生人。中國人對陌生人一般是什麼原則？我們將它稱為「公事公辦」。中國人的關係裡頭，應對陌生人基本上用兩個字來概括——「冷漠」。善良的人固然多的是，但是善良的人不涉及利益，一涉及利益絕對是冷漠的。研究表明多數人都是這樣，但不是所有人。沒有利益的時候友好，一遇到利益就是冷漠。冷漠在這裡被稱為「公正原則」，說白了就是公事公辦。

中間這兩個是什麼原則呢？學者研究發現，用「混合原則」來表述再合適不過。「混合原則」混合了兩個重要的要素：第一「情感」，第二「交換」。中間的原則就是情感加交換。越往裡面推情感色彩越濃，交換色彩越淡；越往外面走情感色彩越淡，交換色彩越濃。所以，中國人幹什麼事情都是披著情感的外衣，實際上往往是利益交換。雖然說起來不好聽，最好不要落實到具體個體身上，但這是事實。當然，你不能這時候看你身邊的朋友一眼，這是很尷尬的。人不能老是付出，老是付出的話最後就不願意付出，有付出必須有回報，這也是一種交換。但是越往內層走，交換色彩越淡，情感色彩越濃。這是在處理人際關係的時候要遵循的原則。

第八章 正確處理人情問題

另外一個問題，屬於技術性問題。中國人在跟人交往的時候，包括在生意場上，一般採取什麼原則？都是儘可能把人往內層拉。這個技術性問題是：怎麼讓陌生人變為一般朋友呢？怎麼讓一般朋友變成熟人呢？怎麼讓熟人變成家人呢？

首先，怎麼讓陌生人變為一般朋友？我們中國人喜歡用「十同」、「九同」的方法。「九同」不是麻將裡那個「九筒」，是「同學」、「同鄉」、「同族」、「同宗」、「同姓」等那個「同」。中國人是很認同「同」這一概念的。現在發現「九同」都很難概括這一狀況，又出現了「十同」。第十個「同」就是「擁有一個共同的朋友」。比如說兩個人碰到：「你認識某某不？」「哦，兄弟！」這時兩人的關係「嗖」的一下就拉近了，因為你們擁有一個共同的朋友。我們中國人最喜歡做的一件事情是什麼？比如說我和你、他都認識，你也認識他，他又不和我們在一起，我就給他打電話：「你猜我跟誰在一起？」對方肯定猜不到。「我把電話交給他哈！」「哇，你們在一起呀！」這樣一來我們兩個的關係瞬間又拉近了：因為我們有個共同的朋友。可見，「同志」這個概念是有道理的。以前還有個「同姓」之說，現在這個「同姓」淡化了，因為人口流動很頻繁。過去在農村地區，「同姓」意味著「500年前是一家」。過去同姓的人一般聚在一起，認同感是比較強的。但現在就比較淡化了。不過有些「同」卻得到了強化，比如「同學」就很好用。這是用「九同」來應對陌生人，使之變為一般朋友。中國人聊天的方式很獨特，路上遇到陌生人總能找到共同話題。比如說對方家在烏魯木齊，你家在綿陽，你們都能聊出共同話題來。「在哪個單位？」「移動！」「哦，移動離我家不遠，我有個朋友也在移動哦！」透過這種方式把陌生人變為一般朋友。

其次，怎樣才能把一般朋友變為熟人呢？透過加大交往的頻率就可以做到。所以，我們中國人說的「酒桌是辦公桌的延伸」，就是這個道理。中國人喝酒跟老外不一樣，老外喝酒往往純屬於生活的一部分，而中國人喝酒時，工作和生活色彩都很濃厚。喝酒是構建關係網路方式之一，透過加大交往的頻率將一般朋友變為熟人。當然並不是說每次都喝酒，比如說透過見面次數增加、工作上業務交往增多、飯桌上吃飯次數增加等等，都會讓一般朋友變成熟人。

那麼，最後怎麼讓熟人變成家人呢？這也是一個技術性問題。熟人變成家人最主要的方式是聯姻，還有就是認「乾爹」「乾媽」，古代還有個辦法是「結拜兄弟」。結拜文化在中國源遠流長，很多地方都有結拜文化，透過這種方式人與人走得更近。結拜文化實際上是一種很深厚的文化，它是一種由熟人變為家人的文化情結。現在很多學者還發現在「熟人」和「家人」之間還有一個中間狀態，就是中國文化現象當中的一個「抱團」現象。抱團的關係重於熟人，但是又不像家人，他們是因為某種利益的關聯而聚集到一起的。總之，中國人的關係處理思路是很明確的，就是這樣一個由陌生人→一般朋友→熟人→（抱團）→家人的過程。

（二）普遍信任與特殊信任

下面我們來談談信任。信任受到組織學者的關注始於 20 世紀初期。信任分為很多種。這裡採用清華大學羅家德教授的定義。

他認為信任有兩層意義：

①信任是一種預期的意念，即交易夥伴對我們而言，是值得信賴的預期，是一種因為期待對方表現出可靠性或善良意圖而反應出的心理情境；

②信任是自己所表現出的行為傾向或實際行為，來展現自己的利益是依靠在交易夥伴的未來行為表現上。

總之，信任是一種相互的行為，一方表現出值得信賴的特質，而另一方則表現出信任他的意圖。

信任依其信任對象的不同，分為普遍（一般）信任（general trust）和特殊信任（particularistic trust）。一種信任是沒有特定對象的，另一種信任則只存在於特定的對象間。前者可以稱之為普遍信任，後者則可以稱之為特殊信任。前者的來源是制度（包括正式制度和非正式制度①）、一群人之間的認同、自己或對方的人格特質，因為信任的對像是制度規範下的一群人，或相互認同的一群人，或展現可信賴特質的一群人，強調的是一群人而非單一特定的對象，所以稱為普遍信任。相反，特殊信任則必然存在於兩兩關係（即對偶關係）中，是兩人互動過程的結果。廣義的特殊信任可以是權力關

係、保證關係，也可以是基於情感與交換的關係，而狹義的特殊信任，也就是真實信任，則主要來自情感與交換的信任。

① 非正式制度，指的是風俗（folks）、規範（norms）以及專業倫理（professional ethics）。在社會化的過程中，非正式制度令規範下的一群人產生一定的行為準則，使得受同一規範約束的交易雙方對對方行為可以預期。

一般而言，制度構建越完善的地方，即人們對社會規則、規範越尊重的地方，意味著違反制度所帶來的懲罰代價越高。在這種預期下，普遍信任成為可行，弱關係更易發揮其作用。這時，弱關係與普遍信任之間存在相互增強關係，即弱關係更易發揮作用的地方，人們更推崇普遍信任。普遍信任能降低交易成本，低成本預期又進一步強化人們對制度的依賴。

反之，制度約束越弱的地方，人們對人情的依賴超越對規範的依賴，意味著違反制度比遵守制度或許有更高的收益預期，這必然促使人們依賴特殊信任。在特殊信任背景下，強關係更易發揮作用。這時，同弱關係與普遍信任之間存在相互增強關係相仿，強關係與特殊信任之間也存在相互增強關係，即強關係更易發揮作用的地方，人們更習慣於特殊信任。這時的特殊信任也能降低交易成本，低成本預期又進一步使得人們對人情的依賴超越對制度的依賴。

費孝通的差序格局理論認為，因為我們的信任主要建立在關係上，關係遠近不同信任程度不同，華人的信任較少建立在普遍性的法則上。換言之，特殊信任才是華人最主要的信任模式。

二、中國組織中的泛家族化問題

在往內層走的過程當中，這裡提出一個話題就是「泛家族」問題。「泛家族」就是將家族規則沿用到組織之非家族成員當中的一種現象，就是在一個組織當中對非家族成員也稱兄道弟、實施家長制領導。這裡的組織包括家

族式組織和非家族式組織。而經由家族化（或稱泛家族化）歷程將家族規則「移植」到家外團體而形成的擬似家族規則，便是泛家族規則。

不難想像，「泛家族」現像在中國相當普遍。譬如，「稱兄道弟何其廣，遇事就找哥們幫」「咱一家人不說兩家話」「您這樣說就見外了，咱倆誰跟誰啊」，師兄師弟、師父師母、父母官等，都是「泛家族」現象的體現。梁漱溟先生說過一句話：「舉整個社會各種關係而一概家庭化之，務使其情益親，其義益重。」他很正面地表揚這種現象，這也是中國的特色。它是有價值的。

這個「泛家族」的好處在哪裡？

臺灣有個學者作了總結：

一是將非家族成員予以家人化的待遇，可獲得一種「知恩圖報」的激勵效果。

二是懲處差序格局內層成員的違規行為，將外層成員中的恃才傲物者收至麾下，有奇特的激勵效果。「不把我當外人看」，中國人是很看重這一點的。

三是組織領導有意無意都會形成家長式的權威，且將此種權威建立在道德倫理基礎之上。

四是組織內強調家庭氣氛，特別重視和諧，提倡團隊精神，形成「組織是個大家庭」或「大家都是一家人」的一體感。

五是組織內形成類似家庭倫理中長幼有序的原則，並建立私人感情以維持此種特殊倫理關係。

三、華人企業領導人的員工歸類

臺灣的一個學者把華人企業當中的員工分成八大類。他採用的標準有三個：一是關係；二是忠誠度，就是前文講過的態度；三是能力，勝任能力（如下圖所示）。

第八章 正確處理人情問題

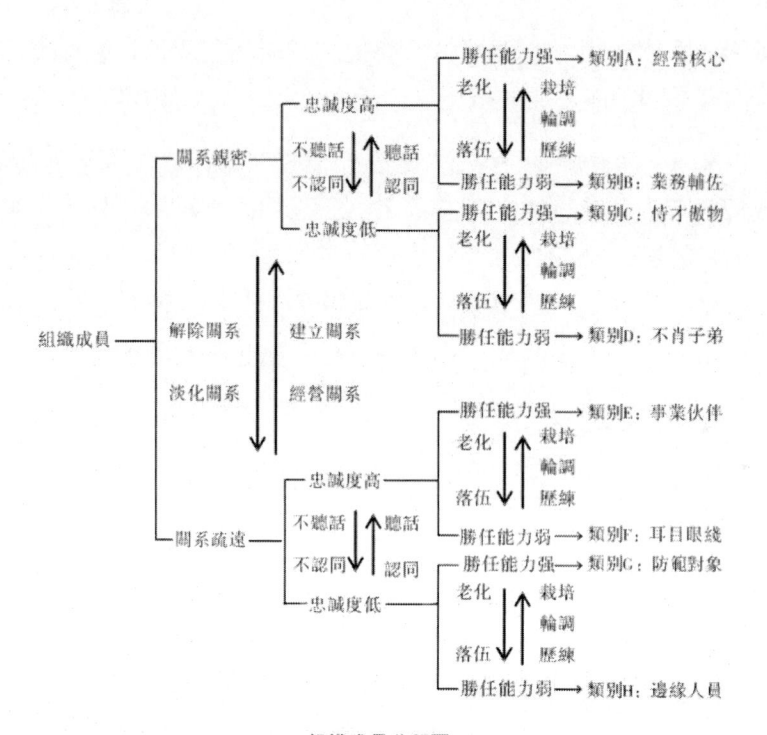

```
                            ┌─ 勝任能力強 ─→ 類別A：經營核心
                    ┌ 忠誠度高 ┤  老化 ↑↓ 栽培
                    │         │       輪調
            ┌ 關係親密 ┤  不聽話↑↓聽話  落伍 ↓↑ 歷練
            │         │  不認同  認同
            │         └ 忠誠度低 ┤─ 勝任能力弱 ─→ 類別B：業務輔佐
            │                    ├─ 勝任能力強 ─→ 類別C：恃才傲物
            │                    │  老化 ↑↓ 栽培
            │                    │       輪調
  組織成員 ┤    解除關係 ↑ 建立關係  落伍 ↓↑ 歷練
            │    淡化關係 ↓ 經營關係
            │                    └─ 勝任能力弱 ─→ 類別D：不肖子弟
            │         ┌ 忠誠度高 ┤─ 勝任能力強 ─→ 類別E：事業夥伴
            │         │         │  老化 ↑↓ 栽培
            │         │         │       輪調
            └ 關係疏遠 ┤  不聽話↑↓聽話  落伍 ↓↑ 歷練
                      │  不認同  認同    勝任能力弱 ─→ 類別F：耳目眼線
                      └ 忠誠度低 ┤─ 勝任能力強 ─→ 類別G：防範對象
                                │  老化 ↑↓ 栽培
                                │       輪調
                                │  落伍 ↓↑ 歷練
                                └─ 勝任能力弱 ─→ 類別H：邊緣人員
```

組織成員分類圖

　　縱向向下的箭頭表示的是：當能力不行的時候，一定要透過栽培、輪調、歷練提升能力；當忠誠度低的時候，要聽話並認同組織遊戲規則；當關係不好的時候，要建立、經營關係。也就是說，我們在職場中要注意三點：建立、經營關係；認同、聽話，遵守組織遊戲規則；不斷提升自己的能力。這三點用到智商的只有能力，另外兩點都需要情商來支撐。所以，在我們的個人職業生涯當中，情商占了三分之二，智商只占三分之一。但這裡不能斷章取義，因為情商和智商是很難分開的，二者應該是相輔相成的。

關於非正式組織理論

　　在管理學領域，與人情、關係等主題緊密相關的還有一個領域，即非正式組織研究領域。

所謂非正式組織，是與正式組織相對應的一個概念，是人們由於某種情感偏好而聚集在一起的集合體。職場中的人，一方面受制於正式組織，另一方面很大程度上又受到非正式組織的影響。

最早對企業中非正式組織現象進行系統研究的是梅奧（elton mayo，1880—1949）。梅奧參與了管理學領域一個具有里程碑式意義的試驗——霍桑試驗。霍桑試驗最初是研究工作場所照明對工人生產力會造成什麼樣的影響。然而試驗結果頗令人沮喪，因為研究者發現二者之間並沒有太多關係。可見，照明度並不是他們所要尋求的答案，因為存在太多的變量。正如早期實驗參與者之一、MIT 電機工程師斯諾所說的那樣，最重要的可能是「人類個體的心理狀態」。正是基於這些考慮，使得試驗得以繼續進行下去。

梅奧於 1926 年擔任哈佛大學工商管理學院副教授。有關霍桑實驗的總結主要集中在他的兩本書裡——《工業文明中的人類問題》（1933）和《工業文明中的社會問題》（1945）。

霍桑試驗，除了工場照明試驗為第一階段外，還有以下三個階段：第二階段是繼電器裝配室試驗，主要是驗證了第一階段的困惑；第三階段是大規模的訪問與普查；第四階段是電話線裝配工試驗，對非正式組織的運行機理進行了研究。下面對第四階段的研究進行介紹。

梅奧他們發現，工人們對「合理的日工作量」有明確的定義，它低於管理當局的期望標準，但高於管理當局的容忍底線。管理當局運用團體壓力使工人遵守這個非正式定額，所運用的團體壓力包括諷刺、嘲笑、拍打一下等。由此，梅奧引入了「非正式組織」概念，分析人與人之間的相互關係。處於同一非正式組織中的人，不顧正式組織中的分組界限而在一起玩、打賭、拍打、交換工作並相互幫助，雖然公司的規定是禁止這樣做的。下圖中，W6（過於自信）、W5（愛向工頭打小報告）、S2（語言上有困難）、I2（在檢驗工作時過於認真）被排除在外。

第八章 正確處理人情問題

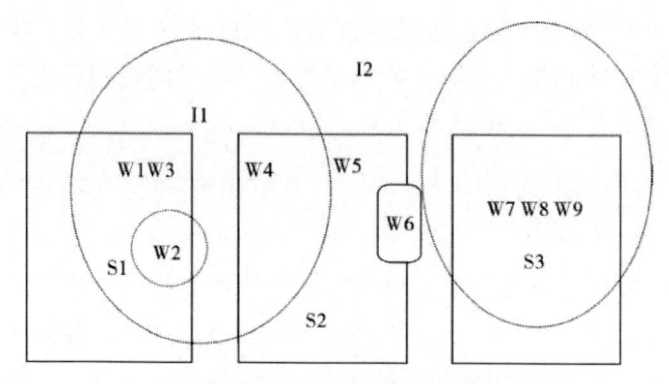

正式組織與非正式組織關係示意圖

註：W——繞線工；S——焊工；I——檢驗工。

梅奧他們發現，在小團體（非正式組織）中有這樣幾條不成文的遊戲規則：

一是工作不要做得太多；

二是工作不要做得太少；

三是不應該告訴監工任何損害同伴的事；

四是不應該企圖對別人保持距離或多管閒事；

五是不應該過分喧嚷自以為是或熱衷於領導。

早期的行為科學研究是將正式組織和非正式組織割裂開來，尚未實現非正式組織與正式組織的有效對接，更談不上二者的有機融合。現在管理學界都承認，正式組織是一種技術—經濟系統，而非正式組織是一種社會系統；正式組織的關係是工作關係，而非正式組織的關係是社會關係；正式組織講究效率的邏輯，而非正式組織推崇感情的邏輯。所以，正如一位學者所言，正式組織的管理一般採用「經濟—技術」手段，偏於技術科學；而非正式組織的管理一般都採用「社會—心理」手段，偏於社會科學。

第九章
規範決策行為

第九章 規範決策行為

管理者最重要的一個工作就是做各種各樣的決策。關於應將「決策」視為一種職能抑或只是貫穿全部職能的一種通用工具，管理學界至今仍無定論，但本書採用後一種說法。決策就是選擇，是為了達到一定的目標，從兩個或多個可行方案中選擇一個合理方案的分析和判斷的過程。

不管是組織行為還是個人行為，決策無處不在，有些選擇很容易，憑著簡單的人生經驗就能應對，比如說中午吃什麼、晚上吃什麼之類的；有些選擇很難，比如說幹什麼工作、該不該跳槽等等，你會覺得很痛苦。我們每個人回顧自己走過的人生軌跡，你會發現，構成你人生拐點的就是那幾個關鍵問題的決策點。在決策當中肯定會有各種各樣的困惑。莎士比亞借哈姆雷特之口說出「to be or not to be」，一語道出人類最難走出的決策困境。

關於決策的原理、流程及工具等，很多管理學教材均有介紹，讀者請自行查閱，這裡不再複述。下面我梳理一下自己對決策的理解，總結了七點，分述如下：

一、決策需要訊息

決策需要訊息，這是毫無疑問的。訊息越多，決策越可能正確。但是越重大的決策，你會發現可供你決策的訊息相對反而越少。所謂的「重大」決策，不僅體現為經濟指標比如金額有多大，還有就是可供參考的訊息相對少，而訊息少則意味著風險大，就意味著存在一定的失敗機率。因此，進行「重大」決策的管理者，就要做好承擔風險的準備。從這個視角而言，冒險是企業家本職工作的重要構成。

決策需要訊息，還有另一層意思，就是作為管理者，要學會科學地蒐集準確的訊息。一般而言，蒐集訊息並不是一件很難的工作，但要科學及準確，可能就不容易了。「科學」就意味著訊息來源要科學，蒐集的方法要科學；「準確」意味著訊息本身是正確的，而且足以支撐決策。

二、決策者對決策的影響

任何訊息變成決策訊息,中間都有個過濾——決策者,即只有經過決策者本人過濾(消化)以後的訊息才能變成決策所用的訊息。

因此,決策者本人在決策中扮演著非常重要的角色。由於決策者的性格、擁有的知識經驗、身邊的團隊,甚至所處的環境等不一樣,可能會對同樣的訊息作出截然不同的判斷。市場行銷領域有一個例子,說明了在同樣的訊息面前,不同的人判斷是不一樣的。

有兩個鞋類推銷員到一個島上去做市場調研,那個島上的人都不穿鞋。兩人回來後,寫了兩份截然不同的報告:一個人說這裡幾乎沒有機會,因為人們都不穿鞋;另外一個人恰恰認為假如有辦法讓他們穿鞋的話,這裡簡直是商機無限。

我們來回答一個問題:為什麼公司通常要把重大的決策交給高層來做?

答案似乎不言自明,但是還是要回答一下。兩點原因:

一是高層在整合資源方面的能力更強;

二是一般認為高層是層層 PK 上來的,這意味著他擁有作出重大決策所需要的諸多條件。

但第二點是否成立,還要取決於一個組織選人所用的標準與未來高層職位所需條件是否吻合。事實上,這一點非常重要。

ROWE 及 Boulgarides(1992)用兩個角度環境的複雜程度以及思考問題的方式將決策者分為如下:

第九章 規範決策行為

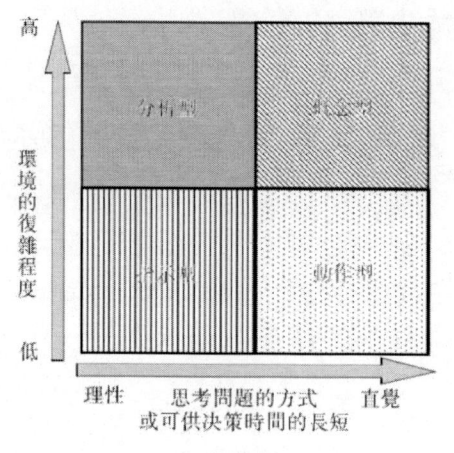

決策者分類

（圖：縱軸為環境的複雜程度，由低到高；橫軸為思考問題的方式或可供決策時間的長短，由理性到直覺。四象限分別為分析型、決斷型、行為型、動作型）

　　但要注意，這種分類不是說哪一種決策者最好或最差，而是說，在某種角度組合下，某一類型的決策者可能最優。比如當環境很複雜但允許決策者進行理性思考時，分析型的決策者最能與之匹配。隨著市場競爭日趨激烈，管理者面臨的環境日益複雜，但可供你決策的時間很短，需要你當機立斷，即要依賴於直覺時，概念型決策者可能與之最為匹配。

　　說到概念型決策者，就涉及另一個與決策有關的重要概念——直覺。應該說，直覺是與理性和邏輯相對應的概念。它是指對事物的一種內在的信念，不需要經過理性的思考，是基於經驗或感覺或情感的一種判斷，但這種判斷並不能簡單歸為武斷，相反，它是基於多年來在類似情況下作出決策的經驗。

　　這種內在的感覺可以幫助管理者無需經過一個理性的決策程序（或許是複雜的步驟）就可以作出迅速的決策，為競爭贏得最寶貴的時間。憑直覺作出決策從而在市場中贏得先機的案例比比皆是，但不能因此就貶低理性和邏輯的重要性，特別是對經驗稍有欠缺的管理者來說，要尤為謹慎對待直覺。總之，任何決策，如果時間允許的話，一定要讓理性來主導，直覺只是在時間壓力下的一種應景之策。

三、做任何決策必須要建立前提條件

前提條件是什麼？要使該決策如期實現，必須具備的那些條件，換言之，就是選擇某一方案的依據。

建立前提條件有以下幾個作用：

一是給自己提供理性思考的可能，也給自己一個不後悔的理由。人不可能做對所有決策，當決策錯誤時，你應該告訴自己，當時之所以選擇該方案是如此考慮的（即前提條件），當時應該是理性的。這為的是使自己不至於陷入後悔泥淖中不能自拔，盡快恢覆信心，而非推卸責任。

二是從管理學角度來說，它可以由此構建某種預警機制。就是在執行方案的過程中，可以根據這些前提條件來預判該方案能否如期實現。如果條件改變，意味著方案也可能要跟著做一些調整，否則就不能實現，以便將損失降至最低。

世界上沒有後悔藥，給自己一個不後悔的理由，這是很重要的。人生有一個最大的特點，就是不可逆①。如果人生可逆的話，每個人的人生肯定會更好。每次我站在學校的大門，看到對面的房子，那感覺是相當的不好受。當時那些房子每坪才二十萬，房屋推銷員讓我買時，被我斷然拒絕了。如果我知道它幾年後價格會漲到這麼高，自然是另一種選擇。我當時沒下手的原因即前提條件很簡單：我擔心房價跌下來，或者漲得太慢。如果時間可逆的話，人生就很豐富了。無論什麼時候下手購房，人面臨的困境都是類似的，當時的價格對你當時的心理衝擊和此時的價格對你此時的心理衝擊應是差不多的。

① 米蘭·昆德拉說：「人類生命只有一次，我們不能測定我們的決策孰好孰壞，原因就在於一個給定的情境中，我們只能作一個決定。我們沒有被賜予第二次、第三次或第四次生命來比較各種各樣的決斷。」

股票更是如此。幾年前有個從事證券分析工作的朋友，打了通神祕的電話給我。因為他老是神神祕祕的，所以我都習慣了。他說：「趕快購入某某股票！」我問為什麼。他說不要問。不要問有兩個原因：一是這是秘密；二

是他也不知道。但他那時說話的語氣讓我震驚，我下決心信他一次。我以每股八元多買進一些，不出幾天果然漲到十二塊多。對我這種在股市上屢遭挫折的散戶而言，覺得足夠了，所以我告訴他我想賣了。他說：「最好不要！」我問為什麼，他又說不要問。我不敢再相信他了，咬咬牙就賣了。過幾天，這只股票就漲到十八塊多了。我自言自語道：「該不該再買些呢？算了吧，十八塊夠高了」。我不買的原因（前提條件）是：性格保守，擔心股價下跌；資金有限（部分還是向家人借的）；這家上市公司的市值再怎麼也不會這麼高啊。後來漲到二十四塊多的時候，我又想「該不該買呢？算了，太高了」。同樣的前提條件。說實在的，該股票每漲一點，對我而言，都是很大的精神折磨，我當時是多麼希望它能跌一點，讓我自己覺得自己的判斷是正確的。但這種情況並沒有發生。最後這隻股票漲到一百多。每到一個點的時候我都覺得高了。我要知道它能漲到一百多的話，各位想想我會幹什麼？但我並沒有後悔，因為我設立了前提條件。讀者可能會對我保守的性格感到惋惜，但是，不管是保守還是激進冒險，都有兩面性。保守的人發不了財，但也虧不到哪裡去。這沒什麼對錯之分，這就是理性。

四、相似方案之間如何抉擇

如果 A 方案賺 100 萬，B 方案虧 50 萬，你選哪個方案？這種決策非常簡單。真正難的決策是什麼？比如：A 方案如果效益好，賺 100 萬，如果效益不好，虧 10 萬；B 方案如果效益好，賺 110 萬，如果效益不好，虧 20 萬～30 萬。選哪個方案？即幾個方案很相似，各有優劣，這種選擇是最難的，是對管理者最大的挑戰。

舉一個例子，我的一個姐姐文筆很好。她是一個公務員，然而她並不太喜歡這個工作，因為一切可預見，似乎是線性的人生，缺乏挑戰性。幾年前，有一家報社要招募記者，她去試了一下，因為文筆好，該報社決定聘請她。這時她面臨一個選擇——去還是不去。這兩個工作各有優劣：公務員的社會地位較高，收入也不差，還可以留出更多時間來相夫教子，跟家人在一起；缺點是，職業生涯似乎缺乏挑戰性，未能將專業能力有效發揮出來，一切可

預見。而當記者的優缺點正好與此相反。她就問家人怎麼辦。我媽哭著跟她說：「千萬不要去當記者，公務員多好，你看很多人想進都進不來，而你卻輕易放棄。」問我爸，他卻說：「一定要去當記者。你回顧自己的人生，是充滿色彩好，還是平淡好？」她又打電話問我怎麼辦，我說你自己看著辦。這讓她很納悶，因為在她眼裡，我多少算個專家。

我跟她說：「假如非得要聽我的，我就給你一個建議。首先你需要明確地告訴你自己，你的人生目標是什麼，然後再看哪種方案更容易達成你的人生目標。幫你更易達成目標的方案就是最優方案。這是決策的基本流程。」她說：「那我的人生目標是什麼？」我說：「這我怎麼知道？」不過我教了她一個常用方法，讓她用一段時間來思考，設想自己要離開這個世界了，最想得到周圍（或社會）人們對她的評價是什麼。這種評價實質上就是她最想追求的，也可等同於人生目標。她用一週多的時間思考，得出的結論是，她想過那種有意義且豐富多彩的人生。於是她辦了停薪留職，選擇了當記者。這就是決策。

這個故事並沒有完，當記者不到一年，她發現記者工作簡直不是人幹的，壓力太大，因此她又改變了人生目標，發現平淡才是真，又回來繼續當公務員。各位，這才是真實的人生。我之所以補充後面這一段，只是想告訴你們，做決策本身並不難，真正的難處在於「堅持」二字。當你在堅持某方案時，另外幾個方案會以機會成本的方式不斷向你發出微笑，並略帶撒旦式的猙獰，不斷提醒你：「後悔了吧？回來」。真正厲害的人認準以後就不會退卻，會執著前進。然而多數人一般受不了，總是想著退出。可見決策本身不難，難就難在需要背後那股堅持的毅力。

堅持，就是上天對人類進行的一種篩選機制，厲害的人就能堅持著經過篩選而留下來。像納爾遜·曼德拉這樣的人，坐牢27年出來當南非總統（但當總統是不可預見的），憑藉的就是信念與執著。這種人上天會給他很大的恩典，因為一般人早就退縮了，特別是只有抽象、虛無飄渺的信念的時候更容易退縮。所以說當決策差不多的時候，對我們最大的考驗便是堅持，而非決策本身。

一般而言，預期明確的事情不能稱其為挑戰，那叫生活；預期不明確的才叫挑戰。預期明確與否，對一個人的心理衝擊是完全不同的。比如，上帝對你說，金礦在地下一百米。你每挖一米會怎麼想？「離終點又近了一步」，越挖越起勁。如果上帝說金礦可能在地下一百米，也可能什麼都沒有。你挖挖看，每挖一米你會怎麼想？「萬一沒有呢？」你會越挖越感到吃力，甚至挖到最後一米時，你仍可能選擇放棄，「怎麼還沒有呢？」這就是預期的差異。人生何嘗不是這樣，只要是「挑戰」，就意味著預期不明確。面對不明確預期之挑戰，我們能做的就是：信念＋執著。除此之外，似乎別無他途。

五、正確面對反對的聲音

上文提到過如何正確處理反對的意見。反對意味著認知上的盲點，可能隱含著機會。面對反對的聲音的時候一定要盯住問題本身，不要無限上綱。

對提反對意見的人該怎麼辦？千萬不要固執地秉持著一種「我之所以罵你，是因為我愛你」之類的心態，這是一種比較差的溝通方式。溝通理論告訴我們：只要用心，就可以達到更好的溝通效果。我們小時候家裡兄弟姐妹多，互相之間經常打架，一打完架就跑到父母面前。父母養活我們都忙不過來，哪有時間、心情來處理，就打每個孩子一巴掌。但打完後，父母又後悔了，於是把我們叫到跟前說：「孩子，對不住啊，爸爸媽媽之所以打你罵你，是因為我們深愛著你。」很多管理者也都假藉著「深愛著下屬」的名義，實行粗放式管理。記得小的時候學過一篇課文，講的是觸龍說服趙太后把孫子送去當人質的故事。這種事誰聽了都會生氣，但是觸龍就是透過改善溝通技巧來讓趙太后接受了這個建議。

溝通技巧很重要，但是我覺得溝通技巧不需要從書本上來學。以前我每學期都給大學生上有關溝通的課程。教了幾個學期下來，我覺得溝通不用從書本上學技巧，關鍵是要用心。用心是態度問題，而具體溝通技巧是可以透過經驗來累積的。但用心似乎與經驗無關，不用心的話，任何事情都可能做不好。只要用心、態度誠懇，溝通目的是容易達成的。千萬不要認為「忠言

一定逆耳，良藥一定苦口」。只要你加點「糖」，良藥就甜了；用心加上一定的溝通技巧，忠言也可以順耳了。

六、充分發揮專家的作用

專家能幫助你延伸思維的深度，幫助你增進認知能力，可見專家很重要。做決策時，應儘可能聽取專家的意見。這個話題我們前面在講專家權力的時候已經涉及，這裡不再贅述。

這裡我只涉及一個話題，在聽取專家意見的同時，一定要注意正確處理跟專家的關係。你只能讓專家待在身邊，不能讓專家騎在你頭上，即不能讓專家取代你本人作決策。因為專家不對決策後果負責任，而你自己卻要負全責，所以必須要自己來拍板，專家僅提供參考意見。而且你會發現，位置越高，給你提建議的各種聲音就越來越多樣化。此外，諮詢的專家越多，獲得的建議也就越多，最後還是需要自己來拍板。像國家元首一樣，每次決定派遣軍隊出征打仗，似乎都有兩種聲音——打和不打，反對的贊同的都有。怎麼辦？自己拍板，決策權牢牢掌握，專家相伴左右。因此，專家只是借外腦而已，不要將這種參謀關係轉變成你對專家的依賴關係。

但你也許會說，如果專家不作出決策，我就無法判斷何種方案最優。專家的意見僅供你參考，使你更全面且深度瞭解決策內容，如果之後你仍然無法作出抉擇，只能說明你不宜參與這類決策，抑或仍需要進一步學習瞭解與該決策相關的知識與訊息。

七、防止承諾升級

承諾升級是指在特定的情況下，決策者作出一個決定並且過分執著於這一決定，即使已經證明是錯誤的也認識不到，甚至會繼續加大承諾。用俗話講，就是死鑽牛角尖，一路走到黑。從心理學上講，人都有這樣一種本能，即證明自己的選擇是正確的，而不考慮事實究竟怎樣，並會選擇性地蒐集證據證明這一點。

讀者朋友們，知道我們散戶炒股的收益一般不如專業機構的原因是什麼嗎？專業機構水準高，對行情分析更有深度，而且更有經驗。這只是原因之一。股市本質上類似於賭場，輸贏相當隨機。真正的主要原因至少還有一個，那就是專業機構有「停損點」，即股票跌到一定比例時比如10%或15%，必須無條件清倉。而我們多數散戶則不這樣。當某只股票下跌15%了，我們就會告訴自己，都跌15%了，不相信還會跌。但其殘酷性在於：事情往往朝著我們不願意看到的方向進一步惡化，再跌個15%。都跌30%了，我不相信還跌。股市的殘酷性在於：再來個30%的跌幅。

　　因此，防止承諾升級的主要對策，就是建立「停損點」。但讀者朋友肯定又會問，難道建立停損點後，炒股就會贏嗎？那肯定不會，比如，每買一隻都跌15%。停損點的作用只是減緩你損失的速度，並且借此給你提供進行理性分析的時間，僅此而已。你還會問，為什麼將停損點定於15%，而非30%或60%呢？這說明停損點的確定本身也是非理性的，只是比起更加非理性的市場，它相對理性而已。

　　可見，面對非常複雜的環境，建立停損點是必要的，雖然其本身也有些非理性的成分。

　　但要注意，承諾升級不見得都是錯的。在解釋這個問題之前，我想簡要介紹一下領導理論。領導理論的演進經歷了三個階段，最早是偉人特徵理論階段，然後是個人行為理論階段，接著是權變理論階段。後面兩個階段的出現，主要是因為第一階段的研究出了問題。因為第一階段均以各類組織中的偉大人物作為研究對象，從他們身上總結出成為優秀管理者需要具備的特徵，並用這種特徵來挑選及培訓接班人。但這種特徵總結有一個非常明顯的缺陷，那就是隱含著一種錯誤的邏輯——「成王敗寇」。成功了，一個人身上的所有特徵都是優秀的；反之，失敗了，一個人身上所有的特徵都成了缺點。「承諾升級」也有類似的問題：成功了，「承諾升級」就叫「執著」；失敗了，就叫「固執」或「死鑽牛角尖」。這就是管理學科最令人惱怒之處，因為沒有絕對的標準答案，許多概念都有兩面性，無法進行明確的價值判斷；對與

不對，似乎都要與具體情境匹配起來方能判斷。這也可用來解釋在管理學領域為什麼各種「權變理論」大行其道的原因。

八、小結

上述七點如能放到決策實踐當中去思考的話，那我們對決策的理解就應該說是比較全面了。談不上讓你在決策時變得更加英明，但至少不會犯低級錯誤，可以守個底線吧。

職業經理人的管理學思維
第十章 正確處理策略與執行的關係

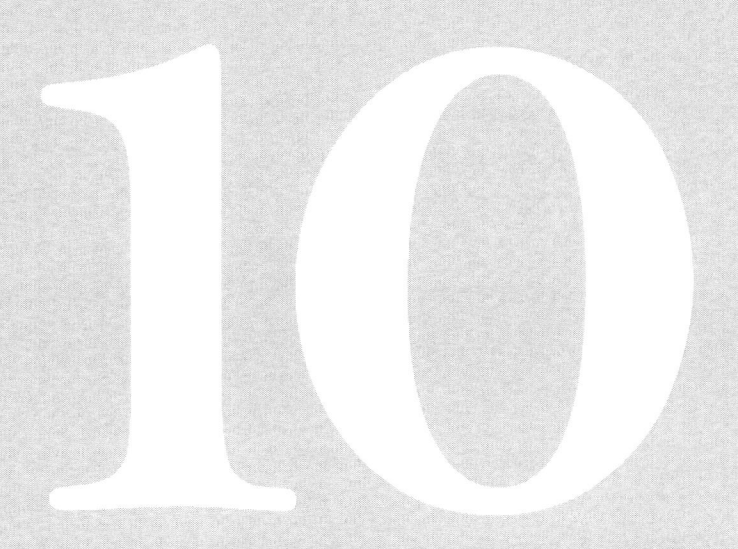

第十章
正確處理策略與執行的關係

职业经理人的管理学思维
第十章 正确处理策略与执行的关系

策略和执行，乍一看，似乎並不太搭嘎，彷彿一個在天一個在地。但仔細理解，你會發現兩者其實相當於一個硬幣的兩面。一個策略是否正確，是由執行結果來驗證的；同理，如果一個組織執行力很強，但策略錯了，這意味著什麼，就好像開著一輛好車在錯誤的方向上快速奔跑，你只能離目標越來越遠，必然會使巨大的執行潛力提前消耗殆盡。因此，執行力要依賴正確的策略來維持。這裡我再補充一句，一個組織執行力很強，還有一個優點，能夠使組織錯誤的策略快速現形，這為組織修正錯誤策略提供了最寶貴的資源——時間。

從理論上而言，組織策略轉化為員工的具體行動有這樣一個過程，即總部策略——職位指標——員工行動。然而，當策略分解到具體職位上時，通常會產生一個問題，即「策略被稀釋」；在分解行動這一環節，也會面臨一個問題，即缺乏執行力，無法將職位的任務轉化為具體行動。本章的思路依此展開，主要涉及如何防止策略被稀釋以及提高組織執行力這兩個問題。針對第一個問題，我將介紹一個工具，即關鍵績效指標法（KPI）。第二部分的內容是如何提高組織執行力。這兩部分內容旨在打通策略與具體執行之間的人為屏障，儘可能在二者之間做到無縫連結。

一、關鍵績效指標體系（KPI）

僅從績效考核角度來理解，考核任何一個職位的指標大致都包括兩類：一類是來自策略的縱向分解，另一類是日常的工作流程。KPI（key performance indicators）更多是指縱向策略分解。因此，以下講述並沒有涉及日常工作流程這一部分。

人們一般認為 KPI 只是一種績效考核工具，而實際上它的功能更豐富。KPI 是由公司總體策略目標決策經過層層分解而形成的戰術目標體系，將企業策略轉化為內部過程和活動，是抽象的策略目標與日常工作之間的橋樑，也可以說是總體策略決策是否得到執行的監測指針。

企業構建 KPI 的方法不外乎三種：

一是外部導向法，又稱標竿基準法，即以優秀企業的 KPI 體系為標竿，結合企業自身實際做一些微調，形成符合企業所需的 KPI 體系；

二是成功關鍵因素分析法，這是企業根據自己的需要所設立的 KPI 體系；

三是借助平衡記分卡（BSC）思想構建 KPI 體系。

下面將重點介紹第二種方法。透過以下介紹，你會發現，BSC 只是 KPI 的特殊應用。

有關成功關鍵因素分析法的介紹，這裡將主要引用饒徵、孫波所著《以 KPI 為核心的績效管理》中的一些觀點。

成功關鍵因素分析法就是要尋找一個企業成功的關鍵要點，並對企業成功的關鍵進行重點監控，使之與日常工作對接。通常有三個步驟：

第一步，尋找企業成功的關鍵要素，即確定企業 KPI 角度，也就是明晰要獲得優秀的業績所必需的條件和要實現的目標。

基本上要涉及三方面問題：第一，這個企業為什麼成功，過去的成功靠什麼，過去成功有哪些要素；第二，分析在過去那些成功要素之中，哪些能夠使企業持續成功，哪些已經成為企業持續成功的障礙；第三，要研究作為一個企業，面向未來，需要哪些新的要素。這樣就獲得企業所需的著眼於未來的新成功關鍵要素組合。

第二步，進一步分解。對模塊進行解析和細化，即確定 KPI 要素。KPI 要素為我們提供了一種「描述性」的工作要求，是對角度目標的細化。

第三步，確定 KPI 指標。對於一個要素，可能有眾多反應其特性的指標，但根據 KPI 考核方法的要求和出於為便於考核人員的實際操作的考慮，我們需要對眾多指標進行篩選，以最終確定 KPI 指標。

關於這三個步驟，我想說明幾點：

一是注意這裡有三個術語，KPI 角度、KPI 要素、KPI 指標。它們之間有比較嚴密的相互套嵌關係，是由抽象到具體、由定性到定量的關係，即 KPI 角度是抽象的、定性的，而 KPI 指標則是具體的、定量的，而中間的

KPI 要素可以理解為二者之間必要的過渡。不管其中分解的過程有多複雜，建立 KPI 量化指標體系都是我們最終的目標。

二是應該說獲得 KPI 角度非常重要，這是實施成功關鍵因素分析法的基礎和前提。KPI 角度也可理解為「關鍵成功要素」，是企業策略的核心內容。它旨在回答：企業何以能立足市場，未來競爭優勢的保持或增強靠什麼，比如利潤增長、客戶服務、組織建設、研發等等。不難想像，答案絕對是多元的。不同行業，答案往往不一樣；即便是同一企業，不同管理者的答案也不盡相同；即便答案相同，其中重要性排序也不同。

許多諮詢公司在說到這一點時，通常會加一句建議：「需要反覆討論才能最終確定」。為什麼？因為沒有標準答案，因此需要頭腦風暴，需要集思廣益。這時，企業家的策略眼光就會造成非常重要的作用。企業家與一般管理者的區別主要就體現在這一層面。企業家的遠見卓識，會給 KPI 角度帶來全新闡釋。

可見，儘管 KPI 角度很抽象，但它很重要，因為它決定了未來組織資源配置的方向和重點。

這裡我再補充一點，作為高管團隊的一員，在討論類似問題時，因為沒有標準答案，所以不必一味謙讓。在積極吸收不同意見的基礎上，對自己認為正確的觀點要保持必要的自信（不是自負），要相信自己的專業能力。一句話，「專業＋自信」。

三是關於 KPI 要素和 KPI 指標的獲得。它是對抽象 KPI 角度作具體化描述。描述是否到位、是否全面系統，事關策略是否被稀釋。應該說這是一技術活，需要結合市場行銷、客戶管理以及人力資源管理等方面的知識。同理，KPI 指標是對 KPI 要素的進一步具體化，是量化的結果。這也是一技術活。經過業界多年的探索，現已在很多方面形成了「指標庫」，企業可以根據需要進行選擇。這裡舉個例子來說明。比如「市場領先」這一角度該如何描述？公司高層與市場部及人力資源部一起討論，發現可以用「市場競爭力」、「市場拓展力」、「品牌影響力」三個 KPI 要素來概括；而其中的「市

場競爭力」這個 KPI 要素，如為銀行可以用「存貸款規模」、「電話（網路）銀行交易增加額」、「當期營業收入」等 KPI 指標來概括。

四是要注意，透過剛才三個步驟形成的 KPI 指標，並非為最終成果，它只是公司總部一級的指標。我們把它稱為一級 KPI 指標。它們還需要分解到部門，即形成二級 KPI 指標；部門再分解到具體職位，即形成具體職位 KPI 指標。為了防止策略被稀釋，這兩步的分解非常關鍵。一定要達到「完全分解」。如何做到？我作一個比喻：公司把一級 KPI 指標擺在超市貨架上，然後把相關部門主管叫來，每人拿著一個籃子，到貨架上撿走屬於自己的那些指標（當然多數指標需要部門之間共同承擔，但量化指標的優點在這時將顯現，即它可以被拆分），直到所有指標被撿完，部門主管才能離開。接下來，二級 KPI 被分解為具體職位 KPI 指標，也遵循同樣的思路。唯有如此，才能防止策略被稀釋。

五是如果各位對平衡記分卡（BSC）有所瞭解的話，不難發現，BSC 只是 KPI 的特殊應用。二者的最大區別在於：BSC 是把「關鍵成功要素」（即 KPI 角度）基本固定為四個，即員工創新學習、內部流程、客戶滿意、財務指標；而一般的 KPI 的關鍵成功要素的確定是需要反覆討論的，沒有固定答案。這也是 BSC 的缺陷所在，即用卡普蘭、諾頓（BSC 創建人）的智慧替代企業家們的智慧，無法體現不同國別、不同行業、不同企業的個性化這一客觀現實。但各位得承認，與一般 KPI 相比，BSC 的優點在於，它非常強調各成功關鍵要素之間乃至同一要素內部各指標之間的邏輯關聯。卡普蘭和諾頓提出了「策略地圖」這一概念，對指標之間的關係進行了深度挖掘。這是一般 KPI 難以企及的。

這裡沒有具體舉例演示如何構建 KPI 體系，我只是想證明，KPI 工具確實是確保策略不被稀釋的一種有效手段。各位如果對如何構建 KPI 體系感興趣，可以參看績效管理方面的書籍。

二、提高組織執行力

針對「總部策略──職位指標──員工行動」，KPI工具解決了第一環節的問題，而第二個環節，即具體職位指標如何變成具體行動，則涉及執行力問題。簡言之，所謂執行力就是強調將事情落實到實處，將計劃變為可以實施的行動。在執行力概念的影響下，組織就成為一制度化的高效操作系統；一個公司既擁有偉大的理念和原則，又擁有明確的做事之方法和程序。用一句俗話來概括，策略是「心動」，而執行是「行動」，心動不如行動。

幾年前業界就掀起關於執行力的培訓熱潮，各種相關培訓項目層出不窮，執行力這一概念似乎有點被過度闡釋了。實際上，執行力正如其字面所傳達的意思那樣，主要強調行動，而非理論。

業界經過多年總結，發現一個組織要提高其執行力，有兩項工作最為緊要，都是根基性的工作，一是構建尊重制度的文化，二是推行標準化。下面分而述之。

（一）構建尊重制度的文化

制度對一組織而言，相當於法律之於一個社會，旨在規範其成員的行為。當然不是為規範而規範，規範的目的是使之能更好地達成組織目標。

關於制度，組織一直有一個兩難選擇：一方面組織必須要保證制度的嚴肅性，嚴肅性會給員工帶來更明確的預期；另一方面，如果太嚴肅，就意味著不靈活，無法與時俱進。因此，在嚴肅性和靈活性之間作一個「度」的把握顯得非常重要。這裡我分開講，先講嚴肅性的重要意義，再講靈活性的必要性。

一是制度嚴肅性的重要意義。大家可能都聽過這個故事：有箇中國作家在德國訪學期間，有一天三更半夜與兩位德國朋友走路回家，走到一個路口，剛好紅燈亮著，但路上並沒有車輛透過，他們仍然等待紅燈轉為綠燈，方才透過。這位中國作家由此感嘆道，德國人素質真高。言下之意，如果在中國，

可能完全是另一番情景。但我個人認為,最好不要用素質來解釋,制度可能更有說服力。

假如那晚他們貿然闖紅燈,可能有兩種方式被逮住:一是那路口剛好裝了個攝影機;二是住在附近的一個老太太半夜睡不著,在陽臺上踱步,見有人闖紅燈,立馬報警。我們知道德國人是比較喜歡管閒事的。這樣你的人生就多了條不大不小的記錄——闖紅燈。有了闖紅燈的記錄後,按規定,每年交養老保險金需增加一定的比例,否則拒保,並且所有保險公司均訊息共享;你房子貸款的銀行,本來給了你比較長的還款期,但知道你有闖紅燈的記錄,保費又被增加後,就要求你在更短時間內還清貸款;你的孩子本來可經由你的擔保,能夠獲得一筆低息甚至是免息的助學貸款,但學校聽說了他父親的危險行為,家裡財務又吃緊後,取消了這筆貸款。面對一系列的連鎖反應,你絕對會心生一個念頭:寧停三分,不搶一秒。

總之,西方國家會透過其司法制度和資源向其公民證明這樣的遊戲規則:在亞洲某些國家,遵守制度的人,生活成本最低,生活質量最能得到保證;破壞制度的人,一定會讓你得不償失。在這種預期下,遵守制度被認為是一種最理性的選擇。也唯有如此,制度的尊嚴才得以維持。

在亞洲某些國家,這句話仍然成立,但某些地方還存在不足,有時遵守制度的人會被認為是老實人,老實人總是要吃虧的,而破壞制度帶來的收益可能更大。在這種預期下,制度的尊嚴很難維持。

同理,在企業內部也應這樣,管理者應該告訴員工,遵守制度的員工會活得更好,工作更順利;破壞制度的員工,一定要予以相應的懲罰。唯有如此,才能維護公司制度的嚴肅性。但要做到這一點很難,因為這首先要從高層領導自己做起。

對一個組織而言,有制度卻不依照制度行事,可能還不如根本就沒有制度(即純粹的「人治」)。沒有制度,就意味著預期不明確。這一點,在人情關係一章已有所涉及。總之,制度的嚴肅性會給員工帶來明確的預期,這也是組織內部「法治」的魅力所在。

二是制度靈活性的必要性。如果制度太嚴肅了，就不靈活。制度的先進與落後是相對的概念。任何制度通常是基於特定的歷史及環境條件提出來的，均有時間性。曾經發揮積極作用的制度，時過境遷，也容易蛻化為阻礙因素。先進與落後只是基於時間角度的差異。

（二）推行標準化

標準化是指將性質相近的工作以同一的工序或方式來運作。事實上，標準化既包括組織運作流程的標準化，也包括組織工藝技術、方法的標準化和組織的行為準則與制度、規則等多方面的標準化。這裡先談談推行標準化的好處。

推行標準化的第一個好處，也是最大的好處，就是能大幅度提高組織效率。泰羅的科學管理理論中，有一項重要內容，就是努力將動作及時間標準化。在他看來，標準化不僅提高了單個企業的營運效率，有效防止了「磨洋工」，更重要的是，標準化使得相關工作方法及流程得以推廣和普及到整個行業乃至工業領域，提升了整體工業領域的效率。

標準化的第二個好處就是迫使一個組織關注細節。現在流行一句話：細節決定成敗。這固然是正確的。但有一個問題，如何確保細節被關注呢？細節因為「細」所以容易被忽略。有一個最重要的應對思路就是標準化。說到對細節的關注，大家會自然想到麥當勞公司。你進入麥當勞分佈於全世界的幾萬家分店，你的感受近乎一致。這得益於麥當勞那近乎苛刻的營運流程。我一直感嘆於該公司對標準化這一管理問題的深刻領悟。該公司對任何一項流程均有明確規定，不允許員工僭越半步。舉一個例子，我是應聘到麥當勞打掃清潔的，流程規定，每一段時間（比如 10 分鐘）在多大範圍內按規定動作打掃一次。過了一段時間我發現，10 分鐘打掃一次太乾淨，簡直是浪費我的時間，我就擅自做主，20 分鐘打掃一次，節約出來的時間用來幫助公司做其他事情。公司知道此事後，肯定會說，不行，必須 10 分鐘打掃一次，不要問為什麼，做就可以了（類似於 NIKE 的廣告：just do it）。因為如果允許你 20 分鐘打掃一次，你過段時間會發現 30 分鐘打掃一次也很乾淨；依此類推，你發現半天打掃一次也很乾淨。可以肯定，半天打掃一次的衛生狀

況肯定不如 10 分鐘打掃一次的衛生狀況。但為什麼自己還認為「乾淨」呢？因為你的視覺會隨著你身體的懶惰同步墮落，你會慢慢適應 20 分鐘一次的衛生狀況、慢慢適應 30 分鐘一次的衛生狀況、慢慢適應半天一次的衛生狀況。但有一類人無法適應——顧客。他們通常是隔一段時間光顧一次，因此就能敏銳地捕捉到前後的差異。就像媽媽懷裡的孩子一樣，自己的媽媽天天看，感覺變化不大，但鄰居一個月看一次，每次通常會驚嘆：怎麼又變大了！麥當勞知道這一點，因此強制規定流程。

我們再看一個例子。諸位注意到沒有，你們所在社區周圍經常有新開張的麵館，剛開張時，服務一般都是迅捷、到位，服務員一會兒過來擦桌子、一會兒過來端盤子；過一個月後去，服務質量就會下降；再過半年去呢，叫了才來端盤子、擦桌子；一年後去呢，基本靠自己動手了。你親眼目睹了一個富有創業激情的館子是如何墮落為蒼蠅館子的。這些快餐店跟麥當勞的最大差別在哪裡？就在於麥當勞將創業之初的激情用制度以及標準化流程固化下來，每天堅持；而一般的館子則讓其自行消散。

那麼，標準化如何推行呢？沒有什麼秘訣可言，業界總結只有一個秘訣——凍結，或者說捏——規矩是捏出來的。

標準化的缺點，兼談人性化管理

標準化有一個缺點，即一個組織實施標準化後，其營運流程就顯得缺乏人性關懷。那麼如何彌補標準化的缺點呢？就是「標準化＋人性化」，這樣既可以獲得標準化帶來的好處，同時又可彌補標準化的缺陷。

記得多年前，有一次在外校兼課，聽朋友介紹，慕名到當地一家餐廳吃飯，據說店老闆是一個大學生。由於不熟悉，我照著菜單點了幾個菜，結果發現最貴那道菜特別油膩，因為剛上完課，不想吃油膩的東西，於是那道菜幾乎沒動筷子。結帳時，戴眼鏡的老闆一看那菜沒動，就問我為什麼。我解釋了原因，他說：「我們可以做出不油膩的，你等一會，我幫你換。」我說今天已經吃好了。他說那下次來，一定要提醒他。就這麼幾句話，我那種難受的感覺減輕了很多。人性化似乎不需要刻意為之，而是一個人內心深處對他人（顧客）尊重的自然流露。口是心非者不在此列。

職業經理人的管理學思維
第十章 正確處理策略與執行的關係

　　企業主要是經由一線員工向顧客提供人性化服務的。要讓員工人性化地對待顧客，前提是管理者要人性化地對待員工，這需要管理者樹立服務意識，而非官本位意識。其實要讓員工微笑，人性化地服務於顧客，有一個重要前提，就是他或她的未來充滿希望，即擁有美好的預期。組織給予員工希望有兩個路徑：一是薪酬預期，二是晉升預期，二者須居其一。但並不是所有職位都有升遷機會，這時薪酬的增長就顯得非常關鍵。特別是在組織逐步扁平化的今天，管理者職位數變得稀缺，因而薪酬在支撐員工希望方面的作用日顯關鍵，這也是很多公司提出帶寬薪酬的大背景。

　　管理者除了要給員工帶來希望外，人性化方面還有一個要求，即要尊重每一個職位員工的勞動。組織內部各職位只是分工不同，並沒有尊卑貴賤之分。因為一個人對自己的工作，通常認為是較優選擇的結果，管理者應該透過行動來確保員工的這種自信，切忌在組織內部人為地製造尊卑貴賤之等級；否則，只能導致員工無法盡心盡職於一線工作，他們只會把工作視為晉級的跳板，視之為無奈或臨時應景之舉，致使這些在一線服務於顧客的最重要的職位群體充滿著浮躁的氣氛。這樣下去，人性化服務就失去了根基。

　　美國旅店行業一些公司的管理方式值得我們借鑑。他們尤為善待從事一線服務的員工，一些職位比如清潔工，員工晉升機會非常有限，而其工作看似簡單，但真的要提供人性化服務的話，其實需要很大的耐心和愛心。因此，公司管理者（發自內心地）認為，這些職位的從業人員是非常重要的，並採取很多方式讓員工感受到這一點。這些員工回報給公司的業績也是驚人的。記得《3000等於1——諾氏連鎖銷售經典》中講過一個故事：有一個老員工，在某旅店公司工作了一輩子，公司的重視使得他非常喜歡自己的工作，每當打掃房間時，他都會特別用心。假如是一家人出來旅遊，他打掃完房間後，就會把小朋友的玩具擺放在一開門就能看到的地方，讓他們有回家的感覺。

　　又比如，每當擦拭完風扇後，他都會開啓風扇，透過從窗外射入的光線，看看風扇轉動時，有無粉塵掉落，以此檢驗風扇是否乾淨，儘管工作流程並無如此規定。從這個老員工的行為中，我們能讀出一個詞——用心。

尊重他人，特別是尊重處於組織權力等級鏈下端的員工，是現代管理理念的基本訴求，也是管理者應具備的最基本素質。

管理者人性化地對待他人，更能彰顯其人格魅力。松下電器創始人松下幸之助在80多歲高齡時，有一次和幾位朋友到京都最好的牛排館吃牛排。吃到一半時，他叫服務員到廚房把烹煮牛排的師傅請來。師傅一聽是松下幸之助先生叫他，以為肯定是自己牛排沒做好，就戰戰兢兢地走到客人面前。結果松下先生說：「我叫您來，是想跟您解釋一件事，您的牛排做得很好，但是我年齡大了，胃口不好，只能吃一半。如果剩下一半端回廚房，您知道是我沒吃完，我擔心您會責怪您的廚藝，所以我特地跟您說一下。」適時體會別人的感受，並積極予以回應，是「人性化」應有之義。

只會寫自己名字的港大院士

袁蘇妹從沒想過，在自己漫長的人生中，也有可能站在舞臺中心。2009年9月22日，當香港大學向她頒發榮譽院士那一刻，這個82歲的老太太，「看起來神氣極了」。她沒有上過大學，也不知道什麼是「院士」。她一生只學會寫5個字，卻被香港大學授予「榮譽院士」。她沒做什麼驚天動地的偉業，只是44年如一日地為學生做飯、掃地。在頒獎臺上，這位82歲的普通老太太被稱作「以自己的生命影響大學堂仔的生命」，是「香港大學之寶」。

有人開始稱她為「我們的院士」，但她顯然更喜歡另外一個稱呼——「三嫂」。因為丈夫在兄弟中排行第三，「三嫂」這個稱謂被港大人稱呼了半個多世紀。

「三嫂就像我們的媽媽一樣。」很多宿舍舊生都會滿懷深情地說出這句話。當然，就像描述自己母親時總會出現的那種情況，這些年過半百、兩鬢斑白的舊生，能回憶起的無非都是些瑣碎的小事。

70歲的香港電視廣播有限公司副行政主席梁乃鵬還記得當年考試前「半夜刨書」，三嫂會給他煲一罐蓮子雞湯補腦。已經畢業15年的律師陳向榮則想起，期末考試前夕高燒不退，三嫂用幾個小時煎了一碗涼茶給他，「茶到病除」。

職業經理人的管理學思維
第十章 正確處理策略與執行的關係

時常有學生專門跑到飯堂找她聊天。男孩子總會向她傾訴自己的苦悶，諸如不知道如何討女友歡心之類。女孩子也會找到三嫂，抱怨男孩子「只顧讀書，對她不夠好」。多數時候，三嫂只是耐心地聽完故事，說一些再樸素不過的道理，「珍惜眼前人」，或是請他們喝瓶可樂，「將不開心的事忘掉」等等。每年畢業時分，都會有很多穿著學士袍的學生特意跑來與她合影留念。就連大學堂球隊的比賽結果，三嫂也常常是第一個知道。「輸贏都好。」她樂呵呵地說。迎接球隊的總是她最拿手的炒牛河或馬豆糕。

那些大學時獨特的味道，成為舊生每年聚會時永恆的話題。一位40多歲的中年男人像個孩子一樣誇耀三嫂的手藝：「你知道嗎，大西米紅豆沙裡面的西米直徑足有1釐米，好大一顆！」很少有人知道，為了將這些「大西米」煮軟，三嫂要在灶臺前站上兩個多小時。為了讓紅豆沙達到完美，她只在其中放新鮮的椰汁。而蒸馬豆糕時，為了讓它有「嚼勁」，她必須用慢火煲1小時，「不停地用湯勺攪拌」。

然而自從20世紀70年代安裝心律調整器以來，三嫂再也無法繼續在廚房工作了，這位5個孩子的母親從此轉做清潔工。男生們歷來喜歡在飯堂開派對，每每狂歡到凌晨兩三點，儘管這早就過了三嫂的下班時間，但她總是等到派對結束，再獨自進去清理地板上的啤酒、零食和汙漬。

這些有關三嫂種種瑣碎的「好」，事隔若干年仍然潛伏在舊生們的記憶中。三嫂卻說不清自己究竟「好在哪裡」。在她看來，只是「拎出個心來對人」，人生其實就這麼簡單。在宿捨工作時，她自己的大兒子正在美國讀天文學專業，她只是用「母親的心」去照顧這群同樣在外讀書的孩子。

這個故事讓我感動的不僅是三嫂對自己本職工作的執著和熱愛，更是因為根植在這所學校所有成員心中的那一種平等及尊重他人之理念。

總結

　　毫無疑問，我們在職場中奮鬥就是為了贏得成功。作為職業經理人，我們應將我們的職業當做事業來經營，而非僅視為「事情」。事情跟事業的差異在哪裡？事情是做一件丟一件，而事業意味著做任何一件事情都有系統全局的考慮，要問自己，這對自己未來職業生涯有無幫助。要有計劃性及前瞻性地活在這個世界上。人生是拿來經營的，不是拿來「過」的，這種理解可能使我們對未來更加有信心一點。我們做什麼事情一定要有眼光，眼光決定未來，眼光決定財富。

　　看得越遠你越從容，要把現在與未來用一根線連在一起。

國家圖書館出版品預行編目（CIP）資料

職場上簡單易懂的管理學思維 / 任迎偉 著 . -- 第一版 .
-- 臺北市：崧博出版：崧燁文化發行, 2019.10
　　面；　公分
POD 版

ISBN 978-957-735-929-2(平裝)

1. 組織管理 2. 管理者 3. 職場成功法

494.2　　　　　　　　　　　　　　　　108017277

書　　　名：職場上簡單易懂的管理學思維
作　　　者：任迎偉 著
發 行 人：黃振庭
出 版 者：崧博出版事業有限公司
發 行 者：崧燁文化事業有限公司
E - m a i l：sonbookservice@gmail.com
粉 絲 頁：　　　　　　網　址：
地　　　址：台北市中正區重慶南路一段六十一號八樓 815 室
8F.-815, No.61, Sec. 1, Chongqing S. Rd., Zhongzheng
Dist., Taipei City 100, Taiwan (R.O.C.)
電　　話：(02)2370-3310　傳　真：(02) 2388-1990
總 經 銷：紅螞蟻圖書有限公司
地　　　址：台北市內湖區舊宗路二段 121 巷 19 號
電　　話:02-2795-3656 傳真:02-2795-4100　　網址：
印　　　刷：京峯彩色印刷有限公司（京峰數位）

　本書版權為西南財經大學出版社所有授權崧博出版事業股份有限公司獨家發行
　電子書及繁體書繁體字版。若有其他相關權利及授權需求請與本公司聯繫。

定　　價：250 元
發行日期：2019 年 10 月第一版
◎ 本書以 POD 印製發行